Knoten

für Alltag, Sport & Freizeit

Maria Costantino

Knoten

für Alltag, Sport & Freizeit

Bassermann

ISBN 978-3-8094-3439-9

1. Auflage

Die englische Originalausgabe erschien unter dem Titel The Knot Handbook.

Projektkoordination dieser Ausgabe: Martha Sprenger
Umschlaggestaltung: Atelier Versen, Bad Aibling
Übersetzung: berliner buch.macher, Vera Olbricht
Redaktion: berliner buch.macher, Alexandra Vondorff
Gestaltung: berliner buch.macher, Britta Dieterle
Satz dieser Ausgabe: kreativsatz, Nadine Thiel, Baldham
Herstellung: Elke Cramer

MIX
Papier aus verantwortungsvollen Quellen
FSC® C005833

Verlagsgruppe Random House FSC®N001967
Das für dieses Buch verwendete FSC®-zertifizierte Papier *Profimatt*
liefert Sappi Ehingen.

Druck und Bindung: Těšínská Tiskárna, Český Těšín

Printed in the Czech Republic

INHALT

EINFÜHRUNG

Die meisten Menschen assoziieren mit dem Wort »Knoten« eine Verschlingung in einem Faden, einer Schnur oder einem Schuhband. Genau genommen ist ein Knoten eine Verbindung in einer Schnur oder einem Seil, die entweder dadurch zustande kommt, dass das freie Seilende durch eine Schlinge geführt und dann festgezogen wird oder dadurch, dass Seilstücke miteinander verknüpft werden.

Es gibt unterschiedliche Gruppen von Knoten, die für verschiedene Zwecke eingesetzt werden. Stopperknoten verhindern das Aufdröseln eines Schnurendes und ebenso, dass die Enden eines dünneren oder dickeren Tauwerks durch ein Scheibgatt eines Blocks, eine Öse, ein Gatchen oder eine andere Öffnung gleiten. Stopperknoten dienen auch zum Beschweren des Endes von Leinen, damit diese besser geworfen werden können. Verbindungsknoten werden einerseits genutzt, um einen Gegenstand oder ein Seilstück zu bekleeden oder um zwei oder mehrere Objekte oder Seilstücke zu verbinden. Steke dienen dazu, ein Seil an einem Gegenstand wie einem Pfosten, Haken oder Ring zu befestigen, wohingegen ein Knoten zwei Leinen verbindet.

90% aller Knoten, so wird geschätzt, haben ihren Ursprung in der Seefahrt, wohingegen die verbleibenden 10% von so unterschiedlichen Berufen und Tätigkeiten wie Anglern und Bogenschützen, Buchbindern und Metzgern, Zimmerleuten und Bergsteigern, Chirurgen und Schauermännern und natürlich auch von Henkern stammen, die den Henkersknoten erfanden! Clifford W. Ashley (1881–1947), im Walhafen von New Bedford, Massachusetts, geboren, war eine der herausragenden Autoritäten in Sachen Knoten und Verfasser des Buches *The Ashley Book of Knots,* die Bibel eines jeden Knotenfans. In dem 1944 erschienenen Buch beschreibt Ashley etwa 4000 Knoten mithilfe von 7000 Zeichnungen.

Ein klassischer Stopperknoten – der doppelte Überhandknoten.

Der Chirurgenknoten ist ein nützlicher Verbindungsknoten.

Der Jansik-Spezialknoten ist ein sehr kräftiger Knoten.

Keine Berufsgruppe kann sich letztlich die Erfindung der Knoten zuschreiben, da schon die Höhlenbewohner für das Fischen und Jagen Knoten für ihre Pfeile und Bogen, Fallen, Fischnetze und Angelleinen benötigten. Archäologische Funde liefern Beweise, dass der Mensch bereits vor 10 000 Jahren Überhandknoten und den halben Schlag, Kreuzknoten, Webeleinstek und Laufknoten knüpfte.

Weltweit, zu allen Zeiten und in allen Kulturen waren Knoten von Bedeutung: Sie dienten dazu, sich über Daten, Ereignisse und Genealogien auf dem Laufenden zu halten, um Handelsgeschäfte zu dokumentieren sowie als Gedächtnisstütze. Sowohl das Rechenbrett, der Vorläufer des elektronischen Rechners, wie auch der Rosenkranz haben sicherlich hier ihren Ursprung.

Auch die Mythologie kennt Knoten. Der Gordische Knoten ist wohl der bekannteste. Gordius, ein einfacher Bauer, der König von Phrygien wurde, verschnürte seinen nun nutzlos gewordenen Bauernwagen zu einem äußerst verschlungenen Knotengebilde und schenkte es dem Zeustempel. Niemand konnte es lösen und, so das Orakel, wer dies dennoch fertig brächte, würde Herrscher über ganz Asien. Alexander der Große, mit dem »knotigen« Problem konfrontiert, zerschlug den Knoten einfach mit seinem Schwert. »Den Gordischen Knoten zerschlagen« wurde zur Metapher für die rasche und entschlossene Lösung eines scheinbar unlösbaren Problems.

Obgleich jeder Knoten einem bestimmten Zweck dient, ist es keineswegs notwendig, hunderte von Knoten zu kennen. Wichtig ist jedoch, den richtigen Knoten für einen bestimmten Zweck zu wählen.

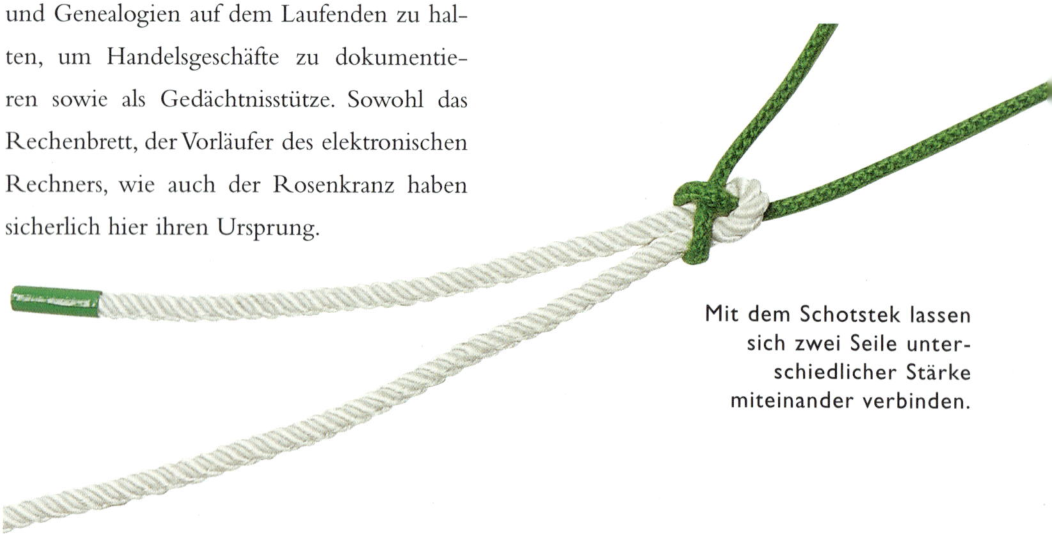

Mit dem Schotstek lassen sich zwei Seile unterschiedlicher Stärke miteinander verbinden.

Ein Auswahlkriterium für einen Knoten ist dessen Festigkeit. Sie ist insbesondere für Kletterer wichtig, die einen sperrigen, handfesten Knoten mit mehreren Windungen bevorzugen. Diese Knotenarten halten Zugbelastungen aus und erhöhen die Reißfestigkeit des Seils. Kletterer überprüfen die Knoten während einer Tour regelmäßig, insbesondere bei steifen Seilen, die schwierig zu knoten und wenig flexibel sind. Andere Auswahlkriterien sind die Einfachheit der Ausführung, die Größe und die Verlässlichkeit eines Knotens.

Der Begriff Tau bezeichnet ein Tauwerk von mehr als 10 mm im Durchmesser.

Kleine Leinenkunde

Die Eigenschaften einer Leine und ihre Pflege sind für die Verwendung wichtig. Das Wort »Leine« bezeichnet im Allgemeinen ein geflochtenes, geschlagenes oder zusammengedrehtes Fasererzeugnis mit einem Durchmesser größer als 10 mm. (Ausnahmen sind nur sehr hochwertige Kletterseile mit 9 mm Durchmesser). Tauwerk mit geringerem Durchmesser wird Garn, Litze oder Zwirn genannt.

Werden dünne und dicke Leinen, auch als Tauwerk bezeichnet, für einen bestimmten Zweck genutzt, werden sie häufig nach diesem benannt, wie Wäscheleine, Rettungsleine oder Schlepptrosse. Selbst spezifische Namen sind geläufig wie Wurfleine oder Hilfsleine, womit ein schweres Seil über einen Zwischenraum, z.B. vom Deck eines Bootes zur Pier, zu seinem Bestimmungsort herangezogen wird.

Tauwerk, das weniger als 10 mm Durchmesser hat, wird als Kordel, Garn oder Zwirn bezeichnet. Dünne Tampen können durch Flechten verstärkt werden.

MATERIAL

Die Eigenschaften eines Seils hängen sowohl vom Material wie auch von der Herstellungsart ab. Bis ins 20. Jahrhundert wurde Tauwerk aus Pflanzenfasern und -stielen hergestellt, etwa aus Flachs und Jute, Sisal und Hanf, Kokosfasern, Seide, Wolle, Kamel- und auch Menschenhaar.

Diese natürlichen Materialien haben einerseits Vorzüge, andererseits jedoch auch Nachteile. Sie quellen bei Feuchtigkeit auf, machen die Knoten unlösbar und werden bei Kälte steif, mit ernsthaften Schäden für das Seil, da die Fasern brüchig werden. Naturfasern sind vergleichsweise weich und anfällig für Schimmel, Verrottung und Schädlinge.

Coir, hergestellt aus Kokosfasern, wird aufgrund seiner geringen Belastbarkeit nur in

Sisalleine, geschlagen

Juteleine, geschlagen

grüne Polyesterleine

weiß-schwarze elastische Kordel

orangefarbene Polypropylenleine

weiße Nylonleine, geschlagen

pink-weiße Polyesterleine, geflochten

großen Stärken hergestellt. Es treibt auf Wasser, dehnt sich aus und wird heute hauptsächlich als »Wieling«, d.h. Bootsfender, verwendet.

Jahrhundertelang war Hanf das vorherrschende Material. Die aus dem Stiel der Pflanze *Cannabis sativa* gewonnenen Hanfseile werden wegen ihrer Stärke geschätzt, obgleich sie nur eine geringe Haltbarkeit haben und für Verrottung anfällig sind.

Manilaseil, ebenso stark wie Hanf, aber dauerhafter, wird aus der Pflanze *Musa textilis* gewonnen. Bis zum Zweiten Weltkrieg weit verbreitet, ist es heute nur noch in Spezialgeschäften zu einem hohen Preis erhältlich. Sisaltauwerk, aus den Blättern der Pflanze *Agave sisalana* gewonnen, wird noch immer für viele Zwecke gebraucht und aufgrund seiner geringen Kosten geschätzt. Die haarigen, farblich unscheinbaren, auch wasserbeständigen Seile sind auch in einer wasserresistenten Form erhältlich. Baumwolle war einst die für die Fertigung von Fischernetzen beliebteste Naturfaser. Diese weichen, glatten Fasern bedürfen jedoch einer Behandlung, da sie sonst leicht verrotten. Das aus den oben genannten Fasern gewonnene Tauwerk ist als Naturtauwerk bekannt und wird geschlagen.

Geschlagenes Tauwerk

Ein dreikardeeliges Tau aus Naturfasern wird zunächst im Uhrzeigersinn (oder rechtsgedreht) zu langem Kabelgarn geschlagen, mehrere Kabelgarne werden in die entgegengesetzte Richtung (linksgedreht) zu einem Kardeel und dann drei Kardeele, wiederum im Uhrzeigersinn (rechtsgedreht), zu einer Leine, dem typischen Trossenschlag, gewunden. Die Drehrichtung eines dreikardeeligen Taus wird als Schlag bezeichnet.

Natur-Sisal-Leine, geschlagen

rot-weißes Baumwollseil

blaue Polypropylenleine, geschlagen

pinkfarbene Nylonleine, Kernmantel-Tauwerk

rote Polyesterleine, geflochten

Ein Tau hat einen S-Schlag (linksherum) oder einen Z-Schlag (rechtsherum). Es gibt auch linksgeschlagene Taue, die aus drei rechtsgedrehten Leinen gewunden werden und in schweren Kabeln enthalten sind.

Der gegenläufige Drall, der bei dem Drehen der Fasern und Kardeelen entsteht, hält die Kardeele zusammen und gibt dem Tau seine Festigkeit. Selbst wenn ein Kardeel entfernt wird, lösen sich die beiden übrigen Kardeele nicht voneinander und an der Stelle des fehlenden Kardeels verbleibt eine Ausbuchtung. Bis zum Zweiten Weltkrieg wurde Tauwerk fast ausschließlich gedreht oder geschlagen.

Ein alpiner Bunsch aus einer geschlagenen Synthetikleine.

Synthetisches Tauwerk

Trotz seiner hohen Festigkeit ist Naturfaser-Tauwerk aufgrund der kurzen Naturfasern nicht so stark wie synthetisches, in dem die Kunstfasern die ganze Länge eines Taus durchlaufen. Eine dreikardeelige Leine aus Nylon besitzt die doppelte Stärke eines gleich langen Manilahanfseils. Darüber hinaus wiegt die Nylonleine nur die Hälfte und ist weitaus beständiger gegen Rott.

Die bereits in der ersten Hälfte des 20. Jahrhunderts entwickelten synthetischen Materialien wurden gegen Ende des Zweiten Weltkriegs bei der Herstellung unterschiedlicher Taue verwendet. Allen Synthetiktauen sind bestimmte Eigenschaften gemein: Sie verfügen über eine hohe Bruchfestigkeit und Stärke, sie halten Stoßbelastungen stand, sie verrotten oder verschimmeln nicht im Wasser und sind in der Regel gegen Chemikalien,

Sonnenlicht und Abrieb resistent, sie nehmen weitaus weniger Wasser als Tauwerk aus Naturfasern auf, sodass ihre Reißfestigkeit auch bei Nässe unbeeinträchtigt bleibt.

Synthetische Taue unterliegen zwar nicht den gleichen Problemen wie ihre natürlichen Verwandten, haben jedoch auch ihre Nachteile. Tauwerk aus Kunstfasern kann beim Erhitzen schmelzen und reißen, schon die Reibungswärme, die entsteht, wenn zwei Seile sich gegeneinander verschieben, kann Schäden verursachen. Ein weiterer Nachteil ist die Glätte, die dazu führt, dass Knoten sich verschieben oder gar lösen. Während die griffige Oberfläche der Naturtaue einem Lösen der Knoten hinderlich ist, müssen Knoten in Synthetiktauen mit einem Extraruck oder einem halben Schlag (Halbstek) gesichert werden. Manche Synthetikseile werden auf die traditionelle Weise geschlagen, um das Seil haariger und weniger gleitfähig zu machen.

Das weitaus geläufigste synthetische Material ist Nylon (Polyamid), das einem Tau noch immer die größte Festigkeit und Stärke verleiht. Dazu kommen Polyester und Polypropylen ebenso wie das kürzlich entwickelte Aramid und HMP (High Modulus Polyethylen).

Nylon ist die erste Kunstfaser, die bei der Tauherstellung Verwendung fand. Die Elasti-

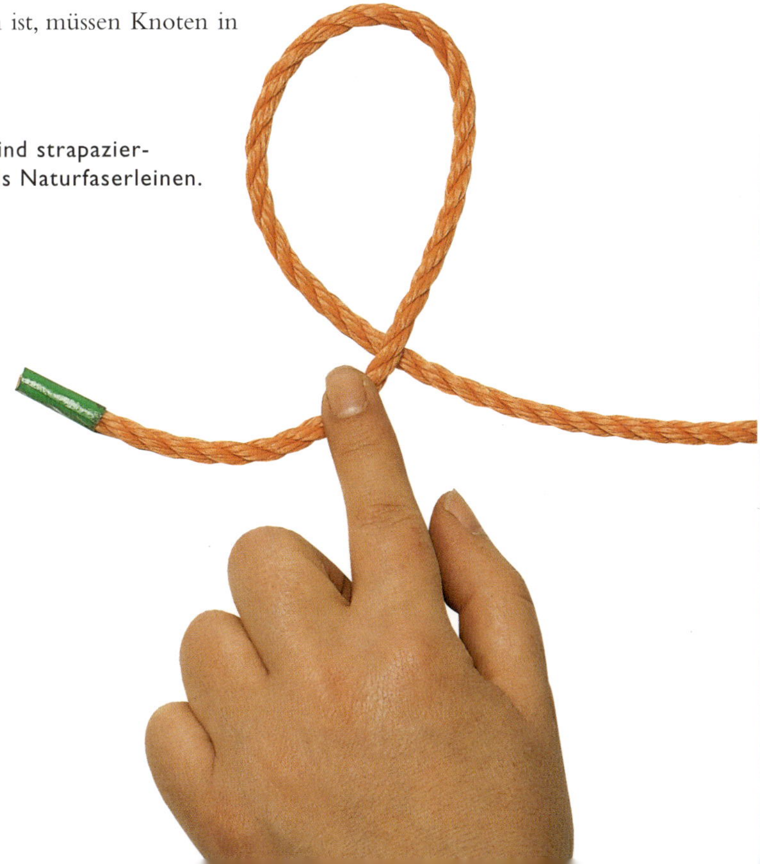

Synthetische Leinen sind strapazierfähiger und leichter als Naturfaserleinen.

Polyesterleinen sind bestens für hohe Zugbelastungen, z. B. beim Bergen von Menschen und Material, geeignet.

zität der Fasern - sie sind unter Last 10–40% dehnbar – ermöglicht, dass eine Leine ohne Last ihre ursprüngliche Länge zurückgewinnt. Dies macht die Faser bei Kletterern beliebt und lässt sie als Ankerleine und Schlepptau Verwendung finden. Nylon ist nicht schwimmfähig und in nassem Zustand 5–25% schwächer. Weiß ist die beste Farbe für Nylonleinen, denn Farbzusätze können die Festigkeit der Leine um bis zu 10% vermindern und verteuern das Tau erheblich.

Polyesterleinen erreichen 75% der Bruchfestigkeit von Nylon, sind jedoch gleich stark in nassem wie trockenem Zustand. Polyesterfasern schwimmen ebenso wenig wie Nylonfasern und ein Vorrecken während der Herstellung beseitigt weitgehend noch vorhandene Elastizität. Daher ist es für alles geeignet, wo wenig Reck, aber hohe Bruchfestigkeit gefordert ist.

Im Hinblick auf Preis und Leistung kann Polypropylen zwischen Natur- und besseren Kunstfasern (Nylon und Polyester) eingeordnet werden. Dieses synthetische Tauwerk für alle Alltagseinsätze ist preiswert, leicht und schwimmfähig. Es hat nur ein Drittel der Bruchfestigkeit von Nylon und einen wesentlich geringeren Schmelzpunkt (etwa 150 °C), sodass es für einen Gebrauch nicht geeignet ist, bei dem durch Reibung solche Temperaturen erzeugt werden können. Darüber hinaus scheuern sich Polypropylenleinen leicht ab und zersetzen sich bei intensiver UV-Strahlung.

Nylonleinen werden von Kletterern aufgrund ihrer Elastizität bevorzugt.

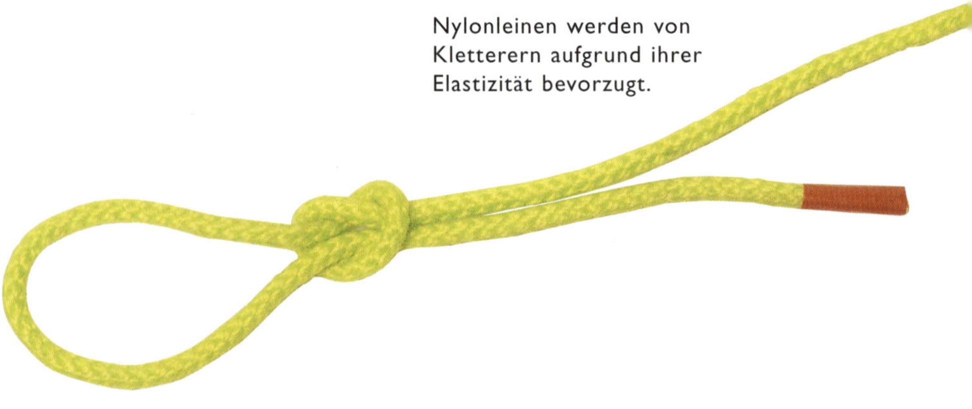

»Wunderfasern«, die erst kürzlich entwickelt wurden, sind sehr leicht und haben sehr wenig Reck. Aramidfasern wie Kevlar – von Du Pont bereits 1965 entwickelt – sind doppelt so stark wie Nylon und besitzen so geringen Reck, dass es den Stahl als Fallenmaterial ablösen konnte und für die Herstellung von schusssicheren Westen verwendet wird. Da enge Windungen und Knoten die Bruchfestigkeit eines Taus oder einer Leine schwächen, ist es für alltägliche Knoten nicht geeignet. Aramidfasern werden überall dort eingesetzt, wo sie durch einen Mantel aus anderem Material geschützt sind. Des Weiteren gibt es Spectra, ein superleichtes Polyäthylen, die bislang stärkste Faser. Mit einer Zugfestigkeit größer als die von rostfreiem Stahl, (Niro-Draht), wird es in allen Bereichen der Fischerei und Industrie eingesetzt, wo erhöhte Sicherheit vor allem anderen steht. Aufgrund des hohen Preises ist diese Tauwerksart für alltägliche Knoten nicht geeignet.

Polypropylenleinen werden von Seeleuten aufgrund ihres geringen Gewichts und ihrer Schwimmfähigkeit geschätzt. Sie haben jedoch nur eine geringe Bruchfestigkeit.

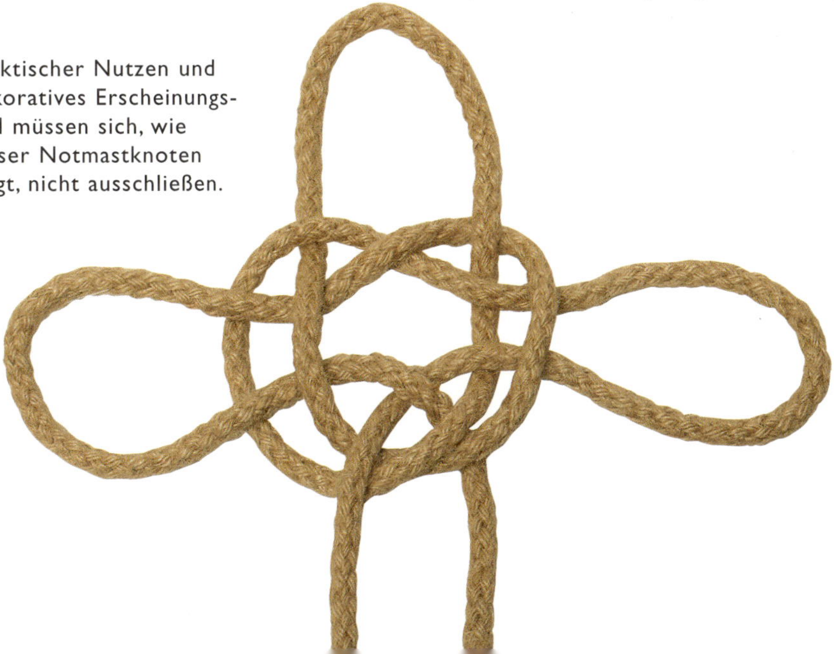

Praktischer Nutzen und dekoratives Erscheinungsbild müssen sich, wie dieser Notmastknoten zeigt, nicht ausschließen.

TAUWERKSARTEN

Um die spezifischen Eigenschaften von Naturtauwerk zu erhalten, wird synthetisches Material traditionell als geschlagenes Tauwerk gefertigt. Üblicher ist jedoch geflochtenes Tauwerk, meist 8- bis 16-fach geflochten, wobei manche synthetische Konstruktion innen hohl ist. Dies verleiht dem Seil Geschmeidigkeit und lässt es unter Belastung formstabil bleiben. Meistens verleiht eine besondere Seele Stärke, während ein Mantel die gesamte Konstruktion schützt. Die Seele kann geflochten oder geschlagen sein, wobei eine geflochtene Seele in einem geflochtenen Mantel gemeinhin als die stärkste Tauwerkskonstruktion gilt.

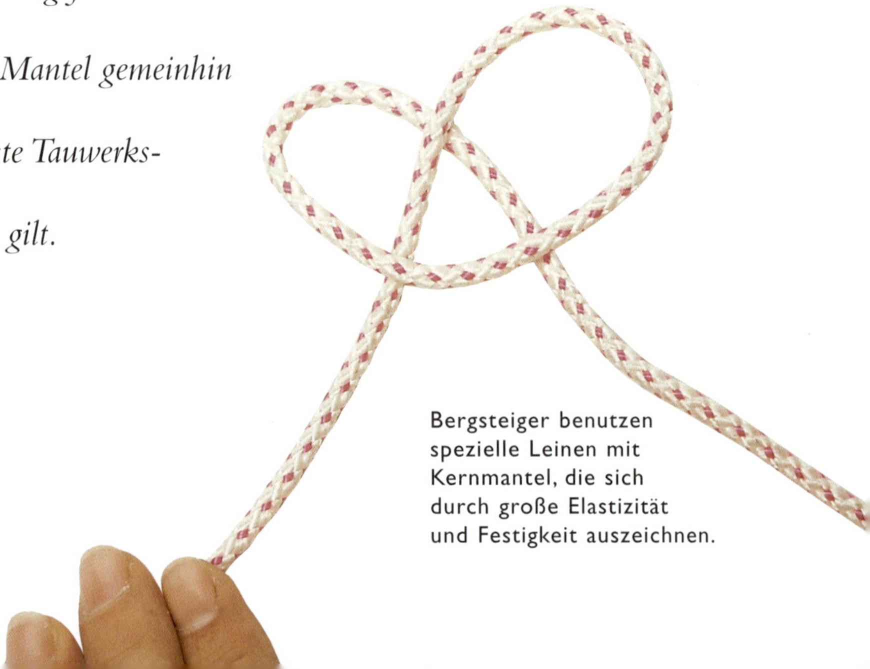

Bergsteiger benutzen spezielle Leinen mit Kernmantel, die sich durch große Elastizität und Festigkeit auszeichnen.

Bergsteiger-Tauwerk ist eine besondere Tauwerksklasse, oft als Kernmanteltauwerk bezeichnet. Dieses besteht aus einem Kern und einem geflochtenen oder geschlagenen Mantel. Reckfreie Leinen tragen tragen das volle Gewicht des Kletteres und sind berechnet für die normalen Belastungen während des Kletterns. »Dynamische« Leinen dienen der Sicherheit und sind nicht für normale Kletterbelastungen gedacht. Sie verfügen über eine besondere Elastizität und Festigkeit, um schwere Stürze und unkontrollierte Drehungen abzufangen.

Um die Wärme beim Abseilen und Sichern aufzunehmen, sollte Bergsteiger-Material einen hohen Schmelzpunkt haben. Detaillierte Hinweise auf die unterschiedlichen Eigenschaften erhält man bei Fachleuten und man sollte auf das Gütesiegel der UIAA (Union Internationale des Associations d'Alpinisme) achten.

Broschüren und Prospekte enthalten üblicherweise Tabellen mit der durchschnittlichen Bruchfestigkeit der Typen und Stärken. Ob Sie bergsteigen, Höhlen erforschen, segeln, tauchen oder gleiten – bei allen Betätigungen mit vorhersehbaren Risiken ist es unabdingbar, diese technischen Daten genau zu kennen. Für den Normalverbraucher reicht eine generelle Kenntnis der Typen und Materialien für die richtige Benutzung und die Beschaffung aus.

Ein geflochtener Nylonmantel über einem Kern verleiht der Leine Geschmeidigkeit und Stabilität.

PFLEGE VON TAUWERK

Nur voll funktionsfähige Leinen sind verlässliche Leinen. Gepflegtes Tauwerk hält länger, erleichtert das Knoten und ist belastbarer. Hier einige Tipps für die Pflege Ihrer Leinen.

- Knoten rasch nach Gebrauch der Leine lösen, da sie sonst die Leinen schwächen.
- Tauwerk (auch Garne und Zwirn) nicht unnötig in der Sonne liegen lassen. Polypropylenleinen können sich unter UV-Strahlung sogar zersetzen.
- Die Berührung mit Chemikalien wie Säure, alkalischen Substanzen, Öl und organischen Verbindungen vermeiden.
- Synthetisches Tauwerk vor Hitze und Funkenflug schützen.
- Verschmutztes Tauwerk in warmem Wasser mit etwas Haushaltsseife auswaschen.
- Am Ende der Segelsaison das Tauwerk in Süßwasser einweichen und die Salzreste gut ausspülen.
- Vor dem Verstauen das Tauwerk, gleich ob aus Natur- oder synthetischen Fasern, immer gut abtrocknen.
- Das Tauwerk an einem kühlen, trockenen Ort mit guter Luftzirkulation verstauen.
- Das Tauwerk von Zeit zu Zeit Meter für Meter nach Abnutzung und gebrochenen Fasern untersuchen.
- Nicht auf dem Tauwerk herumtrampeln.
- Das Tauwerk lose aufschießen und locker, ohne Bodenkontakt, aufhängen.
- Das Tauwerk nie auf dem Boden liegen lassen, wo es Schaden nehmen und Unfälle verursachen könnte.

BEHANDLUNG DES TAUWERKS

Gleich ob eine Tauwerkslänge zum ersten Mal abgewickelt oder älteres Tauwerk verstaut wird – auf die richtige Handhabung kommt es an. Sorgsam aufgeschossenes Tauwerk ist nicht nur ein schöner Anblick, sondern es nutzt sich, sorgsam verwahrt, nicht ab und bekommt keine Kinken, schlingenförmige Knicke, die das Tau beschädigen und schwächen können.

Kapitel 1 zeigt verschiedene Techniken des Aufschießens nebst Beispielen für das Betakeln von Tauen. Mit Taklingen, die zeitintensiv sein können, werden Seilenden versäubert und verschönert. Eine weniger attraktive Alternative ist das Abkleben mit Klebeband. Klebeband dient auch dazu, ein Aufdrehen des Tauwerks beim Schneiden zu verhindern. Um saubere Schnittkanten zu erhalten, schneidet man am besten nur mit kleinen Schnitten. Die Enden dünner Seile können auch mit einer besonderen Flüssigkeit, mit einem gummihaltigen Klebstoff und mit Spezialkappen, über die Seilenden gestülpt, gesichert werden. Über Dampf verschmilzt das Plastik wie zu einem Siegel.

SCHNEIDEN

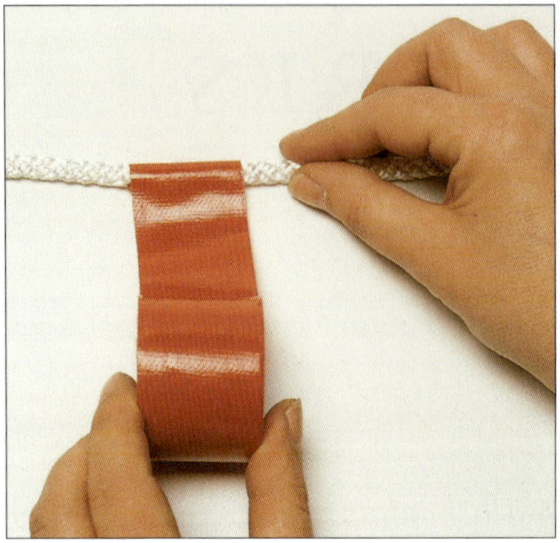

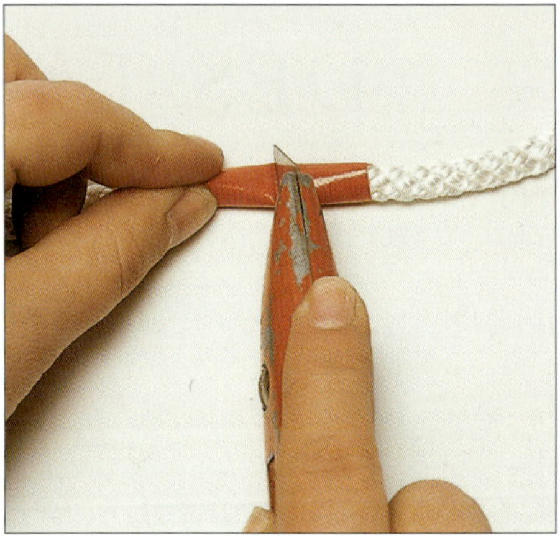

1 Klebeband an der zu schneidenden Stelle zweimal um die Leine wickeln.

2 Mit einer scharfen Klinge den Schnitt durch die Mitte des Klebebands führen.

Nicht gesicherte Seilenden fransen aus und lassen sich nicht mehr verwenden.

Knoten

Um die in diesem Buch dargestellten Knoten auszuführen, bedarf es nichts weiter als einer ausreichend langen Leine, praktischer Übung und die Kenntnis der verwendeten Begriffe für das Seil sowie die Art es zu legen.

Wahl des Knoten

Bei der Wahl des Knotens ist vor allem die relative Knotenstärke von Bedeutung. Weitere Faktoren sind Verlässlichkeit sowie die Zeit und der Aufwand des Knüpfens.

Begriffe

Das beim Knoten aktive Ende nennt man *Arbeitsende* oder *laufende* bzw. *lose Part*.

Der restliche Teil des Seils wird als *stehende* bzw. *feste Part* bezeichnet. Am Ende der stehenden Part befinden sich das *stehende Ende*. Das ist der Teil, mit dem nicht gearbeitet wird. Wird eine Leine so gelegt, dass beide Enden, ohne dass die Parts übereinander gehen, nebeneinander liegen, entsteht am geschlossenen Ende eine *Bucht*. Um die Mitte eines Seils zu finden, legt man beide Enden der Leine gleich lang, um so die Leine zu *mitteln*. Kreuzen sich die beiden Enden eines Seils, entsteht ein *Auge*. Liegt die laufende Part über der festen, ist dies ein *Überhandauge*, liegt sie darunter ein *Unterhandauge*. Dreht man es noch einmal, spricht man von *Ellbogen*.

TIPP

Um das Arbeitsende während des Knotens immer zu erkennen, kann dieses farblich gekennzeichnet werden. Hierfür eignet sich auch farbiges Klebeband.

Seilteile

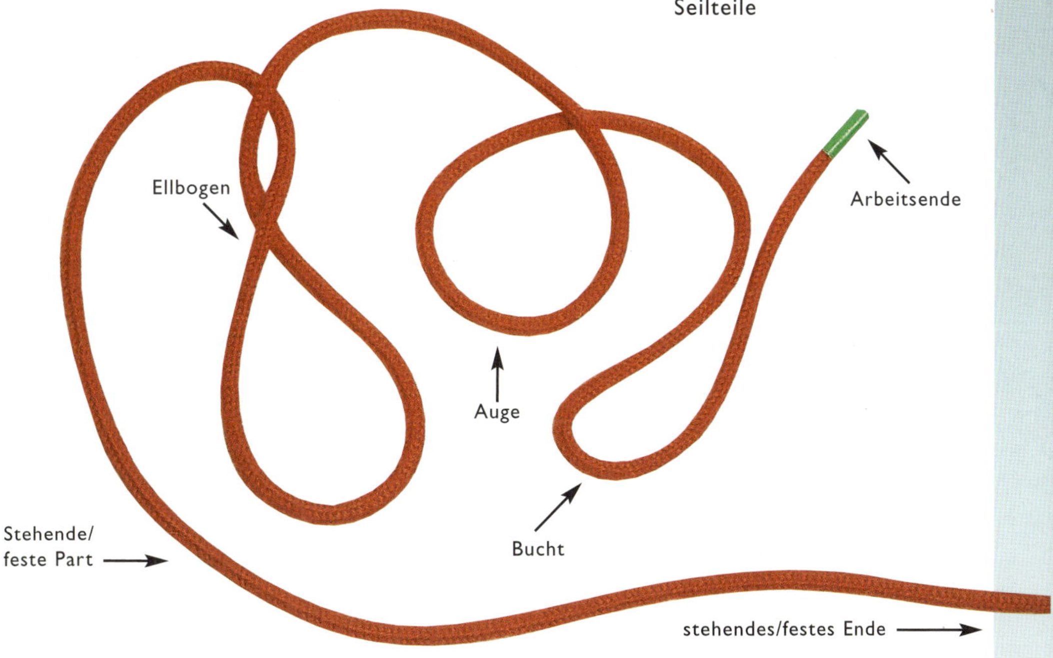

Törn

Wird ein laufendes Ende einmal um einen Gegenstand gelegt, ist dies ein Törn. Wickelt man die laufende Part ein weiteres Mal um den Gegenstand, spricht man von einem Rundtörn. Sich überkreuzende Törns sind für viele Knoten der Ausgangspunkt.

Mehrlagige Knoten

Ein mehrlagiger Knoten ist sicherer und dekorativer als ein einlagiger. Für einen mehrlagigen Knoten folgt man der ersten Part ein oder mehrere weitere Male mit dem losen Ende. Beginnen Sie mit einem lockeren ersten Knoten. Nehmen Sie ein Ende des Seils und führen Sie es wieder zum Anfang oder an das Ende des Knotens. Legen Sie nun das Seil parallel entlang aller Windungen des ersten Knotens.

VERSCHIEDENE KNOTENARTEN

Englischer Knoten: Auch Fischerknoten genannt, kurz vor dem Zusammenziehen des Überhandknotens.

Schlinge: Halber Schlag mit einer Zugschlinge.

Auge:
Mehrfacher
Gerüstknoten

Geflochtenes
Seilwerk: 8-fach
geflochtener
Vierkant-Platting.

Wicklung:
Mit Kreuz-
knoten
gesicherter
Bunsch.

Stopperknoten:
Zweipaariger
Überhandknoten.

ANMERKUNG

Der Deutlichkeit wegen sind manche Knoten in diesem Buch mit einer stärkeren Leine abgebildet, als üblicherweise verwendet wird.

Taklinge und Aufschießen

Taklinge verhindern das Ausfransen von Seilenden. Takelgarn gibt es im Fachhandel. Naturgarn ist für Naturtauwerk und synthetisches Garn für Synthetikleinen. Betakelte Enden sollten nicht zusätzlich durch Wärme versiegelt werden. Aufgeschossenes, also aufgewickeltes Tauwerk ist länger funktionstüchtig, vertörnt sich nicht und lässt sich leicht handhaben.

ALPINER BUNSCH

Diese Art, einen Bunsch zu sichern, wird vor allem von Bergsteigern und Höhlenforschern benutzt. Es ist eine einfache Art, eine Wuhling, ein Gewirr, zu vermeiden und kann leicht über der Schulter getragen oder verstaut werden.

1 Die Enden der aufgeschossenen Leine übereinander legen.

2 Mit dem einen Ende eine etwa 20 cm lange Bucht legen.

3 Mit dem anderen Ende einen Törn um Bunsch und Bucht legen.

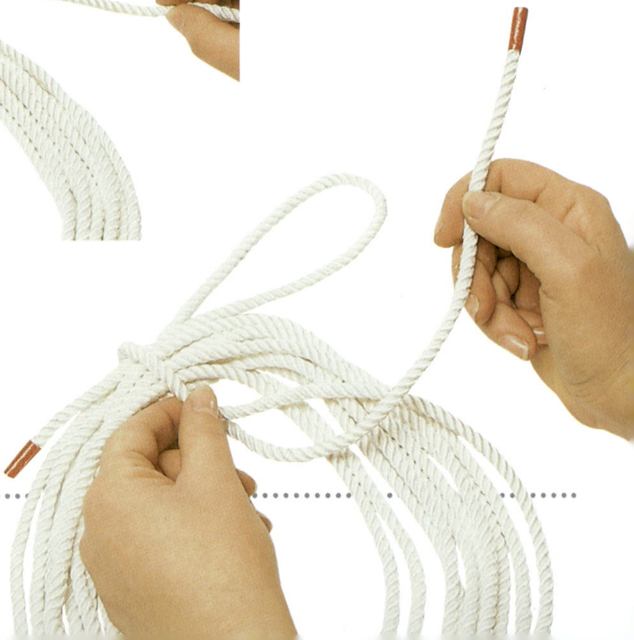

4 Weitere Törns müssen den ersten bekneifen.

5 Weitere Törns fest und dicht an dicht legen; mindestens 6 Törns legen. Das Ende durch die Bucht legen und die Bucht dichtholen, um das Ende zu sichern.

AUFGESCHOSSENER BUNSCH UND KREUZKNOTEN

Eine nützliche Art, einen Bunsch aufzuschießen und ein Seil zu sichern. Mehrere Kreuzknoten verhindern ein Chaos und lassen den Bunsch ohne Gewirr transportieren. Eine sinnvolle Art zum Verstauen des Bunsches in einem Auto oder auf einem Boot.

1 Die beiden längeren Enden des Bunsches übereinander legen und einen Überhandknoten – links oben, rechts unten – machen.

2 Einen zweiten Überhandknoten, dieses Mal rechts oben und links unten, machen.

3 Beide Enden in identischen Spiralen vom Knoten weg und um den Bunsch führen.

4 Wenn sich die beiden Enden an der gegenüberliegenden Seite treffen, einen Überhandknoten – links über rechts machen.

5 Um den Kreuzknoten zu vollenden, einen zweiten Überhandknoten machen, dieses Mal rechts über links.

FEUERWEHR-BUNSCH

Diese Art, einen Bunsch zu sichern, geschieht mit einem hängenden Auge.

1 Die beiden Enden des Bunsches dicht zusammenbringen.

2 Mit einem Ende ein kleines Überhandauge legen.

3 Das laufende Ende durch den Bunsch nach hinten führen und eine Bucht formen.

4 Die Bucht von hinten durch das Auge stecken und dieses zusammenziehen.

EINFACHER TAKLING

Relativ schnell anzulegen, ist diese Art der Befestigung auch diejenige, die sich am leichtesten wieder löst. Das Garn wird entgegen der Schlagrichtung des Seils gewickelt, damit es fester wird, wenn der Tampen sich aufdrehen will.

ANMERKUNG

Zur Verdeutlichung wurde in den Abbildungen dickeres Garn als nötig benutzt.

1 Eine lange Bucht machen und entlang dem Tampen legen.

2 Das Arbeitsende des Garns um den Tampen wickeln, wobei mit dem ersten Törn beide Enden der Bucht erfasst werden.

3 So viele Törns dicht bei dicht um das Seil legen, bis der Takling mindestens die Breite des Durchmessers hat.

4 Das Ende des Takelgarns durch den verbliebenen Teil der Bucht stecken.

5 Die Bucht an ihrem festen Ende dichtziehen, bis sie das Arbeitsende festhält.

6 Noch weiter ziehen, bis sich der eingeschlossene Ellbogen unter der Mitte des Taklings befindet. Zum Schluss die Enden abschneiden.

ÜBERHANDKNOTEN-TAKLING

Diese Art des Taklings besteht aus einer Serie von Überschlagknoten auf beiden Seiten des Seils.

1 Einen Überhandknoten etwa 2,5 cm vom Leinenende machen. (Siehe Seite 38)

2 Die Leine umdrehen und einen zweiten Knoten auf der Rückseite machen.

3 Die Leine wieder umdrehen und einen dritten Überhandknoten neben dem ersten machen.

4 Die Leine wiederum drehen und einen vierten Überhandknoten neben dem zweiten machen.

5 Die Knoten mit Seitenwechseln noch mehrmals wiederholen.

6 Den Takling mit einem Kreuzknoten – links über rechts, dann rechts über links – beenden.

7 Die Enden des Garns mithilfe eines spitzen Werkzeugs (wie einer Stricknadel oder eines Schraubenziehers) unter das fertige Takling stecken.

Stopperknoten

Stopperknoten sind auch als Daumenknoten bekannt. Wie der Name besagt, werden sie verwendet, um zu verhindern, dass die Enden eines Seils oder einer Schnur durch eine Öse oder ein Gatchen gleiten. Diese Knoten entfalten eine enorme Bandbreite von einfachen bis schwierigen Knoten. Darunter auch solche, die gemeinhin in das Ende eines Nähgarns geschlagen werden, und dekorative Knoten, die zum Beschweren von Vorhangquasten dienen.

EINFACHER ÜBERHANDKNOTEN

Dies ist der einfachste aller Knoten. Seine Machart ist darüber hinaus die Grundlage für viele andere Knoten. Er verhindert, wie sein Name nahelegt, dass eine Leine aus einer Öffnung rutscht, durch die sie gezogen wurde. Bei Seglern ist er nicht beliebt, da der Knoten in nassem Zustand nur schwierig zu lösen ist. Das gleiche gilt auch bei einem Bindfaden.

1 Ein Überhandauge in eine Leine legen.

2 Die lose Part durch das bereits gelegte Auge legen.

3 Den Knoten am laufenden Ende und an der festen Part festziehen.

DOPPELTER ÜBERHANDKNOTEN

Er formt einen dickeren Knoten als der einfache Überhandknoten. Sein Durchmesser kann erweitert werden, indem weitere Törns um das Überhandauge gelegt werden.

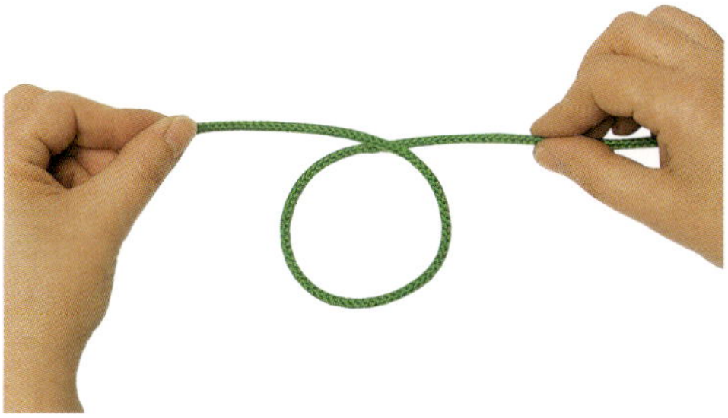

1 Ein Überhandauge in eine Leine legen.

2 Die lose Part durch das Auge legen.

3 Die lose Part noch einmal durch das Auge legen.

4 Den Knoten an beiden Enden des Seils zusammenziehen und die äußeren Törns nach innen drücken.

DREI- UND MEHRFACHER ÜBERHANDKNOTEN
(AUCH ALS BLUTKNOTEN BEKANNT)

Drei- oder mehrfaches Durchstecken des Arbeitsendes durch das Auge eines einfachen Überhandknotens erzeugt diesen Knoten. Den Namen Blutknoten verdankt er der Tatsache, dass er einst verwendet wurde, um die Riemenenden der neunschwänzigen Katze zu beschweren, einer Peitsche, mit der man früher Seeleute auspeitschte, bis ihre Verwendung 1948 verboten wurde. Weniger schmerzhaft war die Anwendung bei Mönchen und Nonnen, die diesen Knoten benutzen, um die Kordeln an ihrem Habit zu beschweren. Der dreifache Knoten war das Sinnbild der heiligen Dreieinigkeit.

1 Schritt 1 und 2 des doppelten Überhandknotens machen (siehe Seite 39).

2 Das Arbeitsende ein drittes Mal durch das Auge legen. Das Auge locker halten.

3 Beide Enden des Seils fassen und diese in entgegengesetzte Richtung ziehen, bis eine diagonal verlaufende Part erscheint.

4 Den Knoten mit den Fingern ordnen, bis alle Parten sich einfügen.

5 Den Knoten an beiden Enden des Seils zusammenziehen.

ZWEIPARTIGER ÜBERHANDKNOTEN

Auch diesen Knoten weiß jeder zu machen. Es ist wiederum ein dickerer Stopperknoten und verbindet zwei Leinen, die in die gleiche Richtung ziehen. Als Stopperknoten am Ende eines Bindfadens hält er diesen in der Öse einer Nähnadel.

1 Die beiden Parten parallel nebeneinander legen.

2 Einen einfachen Überhandknoten machen.

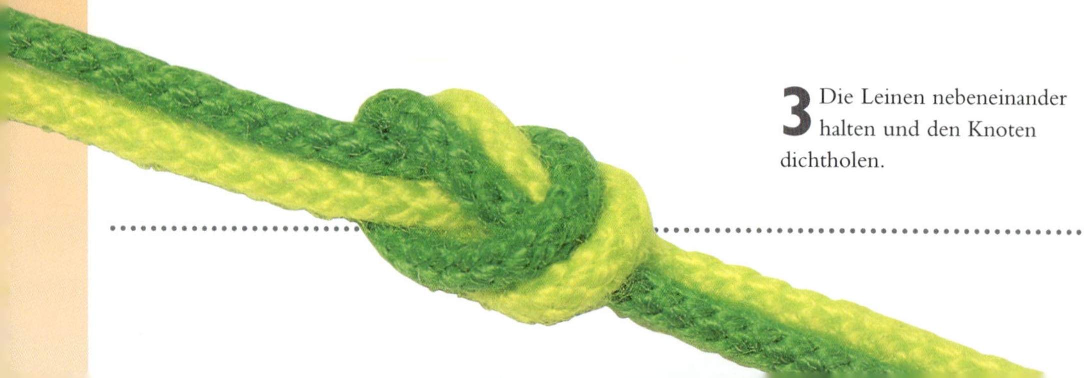

3 Die Leinen nebeneinander halten und den Knoten dichtholen.

ÜBERHANDKNOTEN MIT SCHLINGE

Dies ist ein einfacher Überhandknoten mit einer Schlinge, ein so genannter Laufknoten. Dieser lässt sich ebenso schnell lösen wie knoten. Der Knoten kann sich sowohl am Ende wie auch in der Mitte eines Seils befinden.

1 Ein Überhandauge in eine Leine legen.

2 Das Arbeitsende für eine Bucht doppelt legen. Die Bucht durch das Auge legen.

3 Den Knoten an der stehenden Part und der Bucht festziehen.

Zum Lösen des Knotens am kurzen Stück des Arbeitsendes ziehen.

ÜBERHANDKNOTEN MIT AUGE

Wird ein etwas dickerer Knoten benötigt, bietet sich dieser an. Als grundlegender Knoten dient er als Anfang einer Verschnürung von Paketen. Da er sich nicht leicht lösen lässt, muss der Überhandknoten meist aufgeschnitten werden.

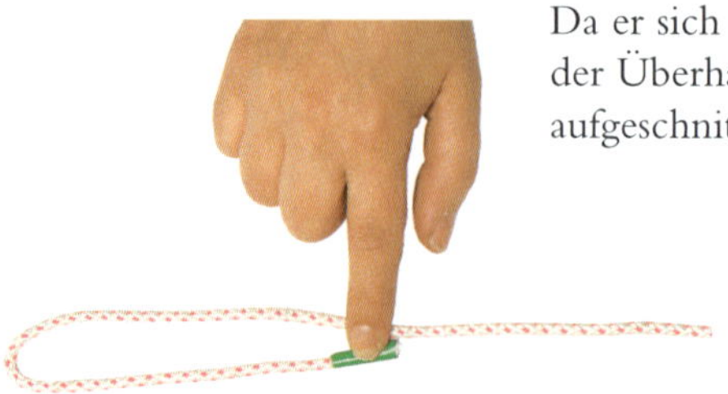

1 Eine Leine doppeln, d. h. eine Bucht in das Ende einer Leine machen.

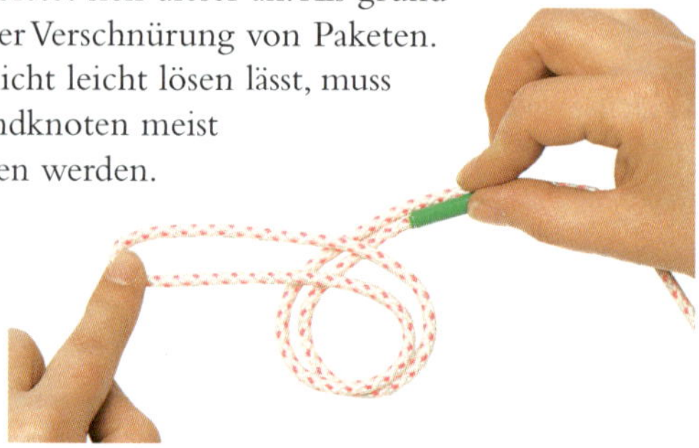

2 Ein Auge in die Bucht legen.

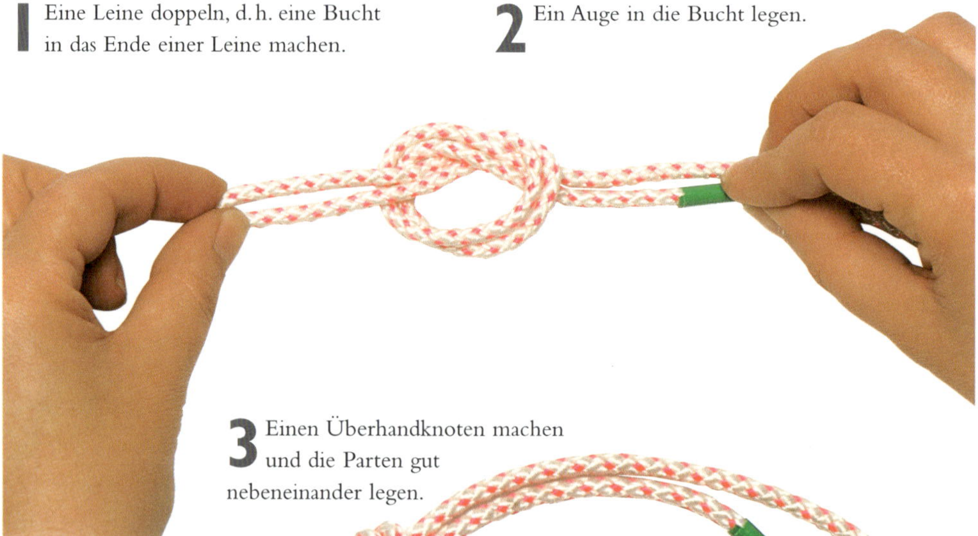

3 Einen Überhandknoten machen und die Parten gut nebeneinander legen.

4 Den Knoten an allen vier Parten nacheinander zusammenziehen.

DOPPELTER ÜBERHANDKNOTEN MIT AUGE

Der Knoten ist etwas dicker als der vorherige. Versuchen Sie nicht ihn zu lösen, er muss aufgeschnitten werden.

1 Eine große Bucht in das Ende einer Leine machen.

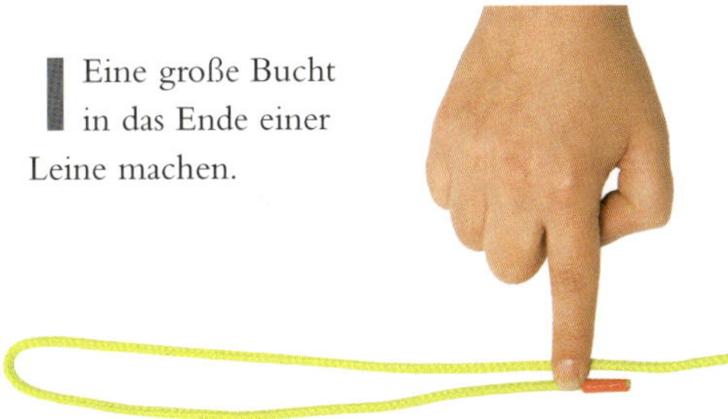

2 Einen Überhandknoten machen und die Bucht nochmals durchstecken.

3 Alle verdrehten Parten richten und alle Lose beseitigen, bis der Knoten seine typische Form bekommt.

4 Den Knoten an allen vier Parten nacheinander dichtholen.

ACHTKNOTEN

Lange ein Sinnbild der gegenseitigen Liebe ist dieser Knoten auch in der Heraldik, insbesondere im Wappen des Hauses Savoyen, ein Symbol für treue Liebe. Von Seglern wird er bevorzugt im laufenden Gut eingesetzt – den Leinen zum Bedienen der Segel und Rahen. Mehrere Knoten hintereinander in einer Leine angelegt, ergeben eine dekorative Knotenkette.

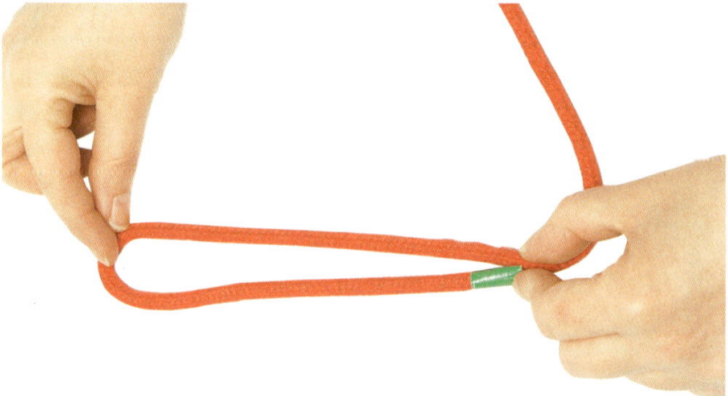

1 Eine kleine Bucht in das Ende einer Leine legen.

2 Die Bucht um 180° zu einem Auge verdrehen.

3 Das Auge ein zweites Mal um 180° verdrehen. Es entsteht ein achtförmiger Ellbogen.

4 Das Arbeitsende durch das Auge ziehen.

5 Den Knoten an beiden Seilenden dichtholen.

ACHTKNOTEN AUF SLIPP

Dieser Achtknoten mit Zugschleife lässt sich, wird am Arbeitsende gezogen, rasch wieder lösen.

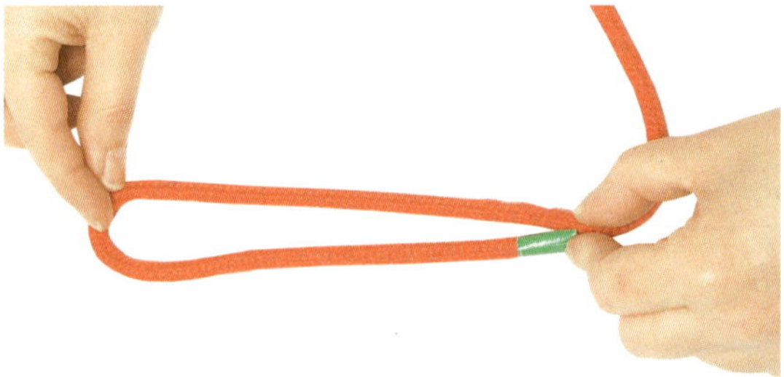

1 Eine kleine Bucht in das Ende der Leine machen.

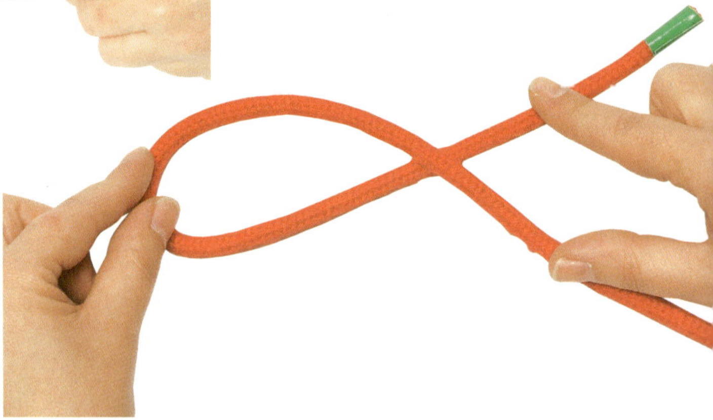

2 Die Bucht zu einem Auge verdrehen.

3 Mit einem weiteren Drehen einen achtförmigen Ellbogen legen.

4 Das Arbeitsende buchtförmig durch das Auge ziehen.

5 Den Knoten dichtholen.

Zum Lösen des Knotens nur am Arbeitsende der Leine ziehen.

Schlingen/Augen

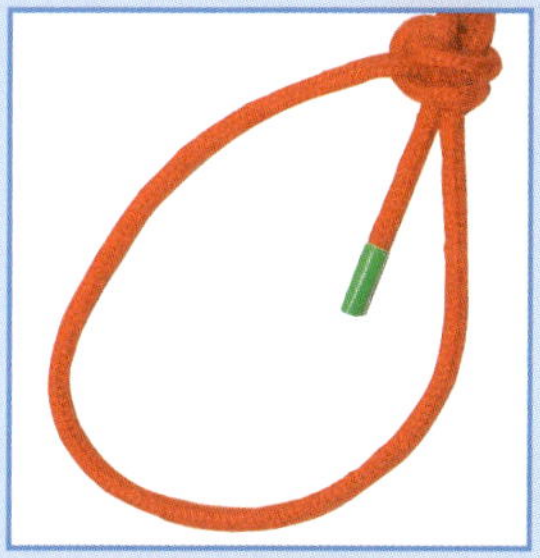

Eine Schlinge ist eine Bucht, die entweder in das Ende oder in den stehenden Parten eines Seils geknotet wird. Sie dient zum Festmachen und lässt sich, beispielsweise über einen Pfosten geworfen, einfach wieder abnehmen. So gesehen, kann ein Knoten, der gelöst oder gar zerschnitten werden muss, nur einmal, eine Schlinge jedoch immer wieder verwendet werden. Eine Schlinge kann sowohl für eine dauerhafte wie auch für eine leicht zu lösende Befestigung gedacht sein. Letztere sind regulierbare Schlingen, so genannte Laufknoten, die plötzliche Belastungen aufnehmen und wieder nachgeben, wenn die Belastung nachlässt.

CHIRURGENSCHLINGE

(AUCH ALS DREIFACHER ÜBERHANDKNOTEN BEKANNT)

Aufgrund des zusätzlichen Durchstechens noch haltbarer als der zweifache Knoten, wird diese Schlinge besonders für Angelschnüre genutzt, also für äußerst dünne Leinen.

1 Eine lange Bucht am Ende einer Leine legen.

2 Ein Auge in das doppelt gelegte Ende legen.

3 Einen dreifachen Überhandknoten legen (siehe Seite 40).

4 Jegliche Unebenheiten entfernen und mit den Fingern einen geordneten tonnenförmigen Knoten formen.

MEHRFACHER GERÜSTKNOTEN

Dieser Knoten ist das Ergebnis eines doppelten Überhandknotens. Der Knoten ist stärker als der einfache, was ihm einen gewissen symbolischen Wert verleiht.

1 Einen Überhandknoten mit Schlinge legen (siehe Seite 43).

2 Das Arbeitsende der Leine um die stehende Part und unter sich selbst hindurchführen.

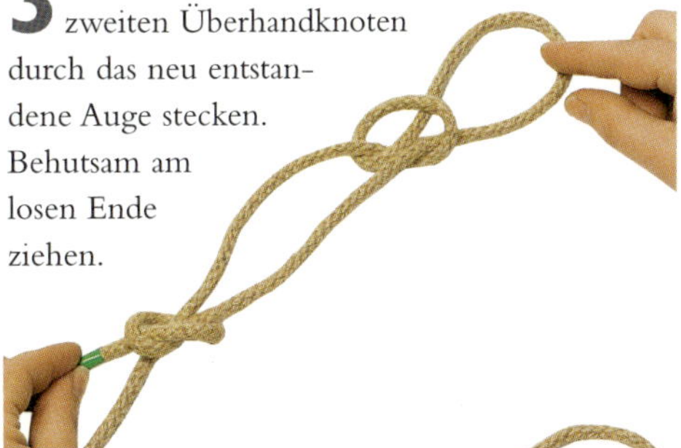

3 Das lose Ende für einen zweiten Überhandknoten durch das neu entstandene Auge stecken. Behutsam am losen Ende ziehen.

4 Die Knoten am Arbeitsende und der stehenden Part zusammenziehen.

ANGLERSCHLINGE

(AUCH ALS PERFEKTE SCHLINGE BEKANNT)

Wie der Name sagt, wird die Anglerschlinge häufig von Fischern verwendet. Aufgrund ihres Umfangs eignet sich diese Schlinge eher zum Verknüpfen von Sehnen und Synthetikschnüren. Sie ist schwer zu lösen und bekneift sich leicht. In synthetischen Leinen sicher und fest, nimmt sie auch in Gummiseilen plötzliche Belastung auf. Von Campern für die Befestigung der Zeltspannleinen sehr geschätzt.

1 Am Ende einer Leine mit der stehenden Part ein Überhandauge legen.

2 Das kurze Arbeitsende über das Auge legen.

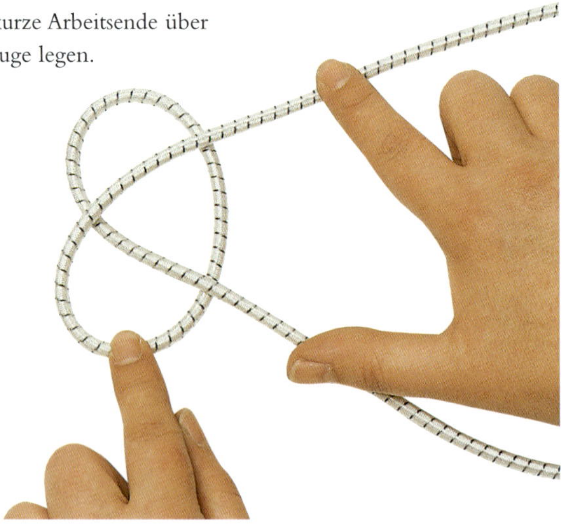

3 Eine Bucht in das Arbeitsende legen und durch das Auge schieben. Dies ist ein laufender Überhandknoten (ein Überhandknoten mit einer Zugschlinge, siehe Seite 43).

4 Das kurze Arbeitsende hinten um die stehende Part führen.

5 Das Arbeitsende durch die Knotenmitte und unter den beiden Parten der Bucht hindurchstecken.

PALSTEK

Der Palstek ist einer der am häufigsten verwendeten Knoten. Einst wurde dieser Knoten gebraucht, um vom Bug des Schiffes zum Luvliek eines Rahsegels eine Leine zu spannen, die es dichter an den Wind holte und verhinderte, dass es backschlug. Heute wird er bei einer Reihe von Befestigungen eingesetzt, da er weder rutscht noch sich löst oder sich gar dauerhaft bekneift.

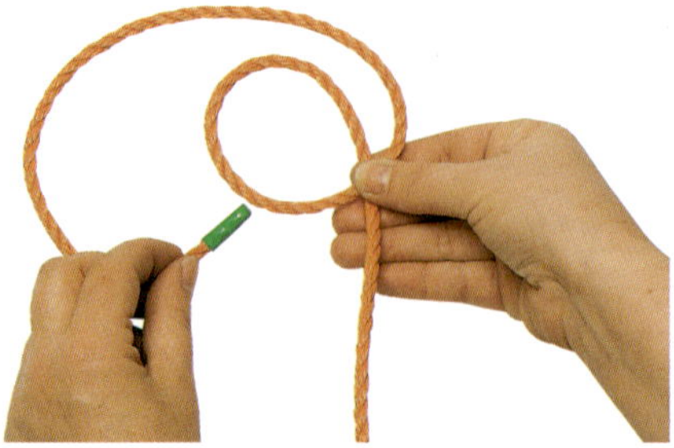

1 Ein Überhandauge legen. Das Arbeitsende liegt auf der stehenden Part.

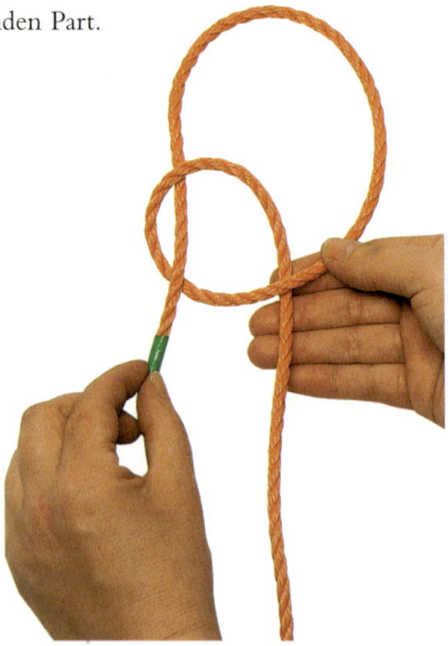

2 Das Arbeitsende von hinten durch das Auge zu einem Überhandknoten führen und im stehenden Part ein Auge belassen.

3 Das Arbeitsende von hinten nach vorn etwas aus dem Auge herausziehen.

4 Das Arbeitsende um die stehende Part herumführen und von oben in das Auge stecken.

5 Den Knoten an der stehenden Part und am Arbeitsende zusammenziehen.

ZWEIFACHER PALSTEK

Mit dem doppelt gelegten Auge ist dieser Knoten um etwa 70% stärker und sicherer als der einfache Palstek.

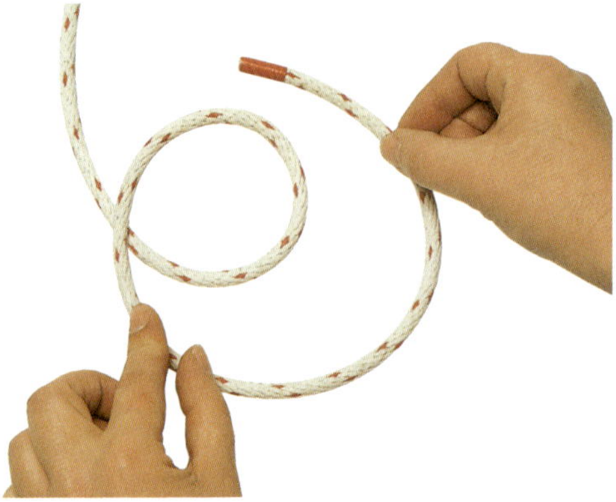

1 Ein Überhandauge legen. Das Arbeitsende liegt auf der stehenden Part.

2 Auf dem ersten ein zweites, identisches Auge legen.

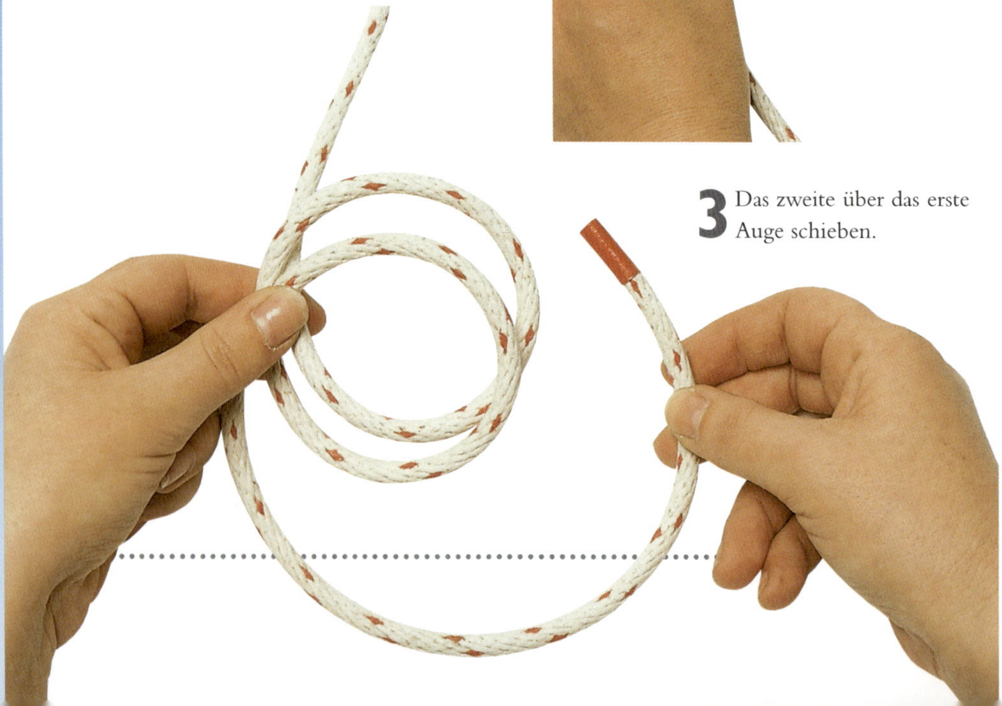

3 Das zweite über das erste Auge schieben.

4 Das Arbeitsende von hinten nach vorne durch beide Augen führen und ein großes Auge belassen.

5 Das Arbeitsende hinter dem stehenden Part herumführen.

6 Das Arbeitsende von oben wieder in die beiden Augen hineinstecken. Den Knoten an der stehenden Part und am doppelten Arbeitsende zusammenziehen.

DREIFACHER PALSTEK

Für Bergsteiger ein absolut unverzichtbarer Knoten. Damit können sich Lehrer und Schüler für den Fall eines Sturzes an einem Baum oder einem anderen Festpunkt sichern.

1 Eine Leine mitteln. (In einem langen Kletterseil formt man eine lange Bucht).

2 Mit der Bucht ein Überhandauge legen.

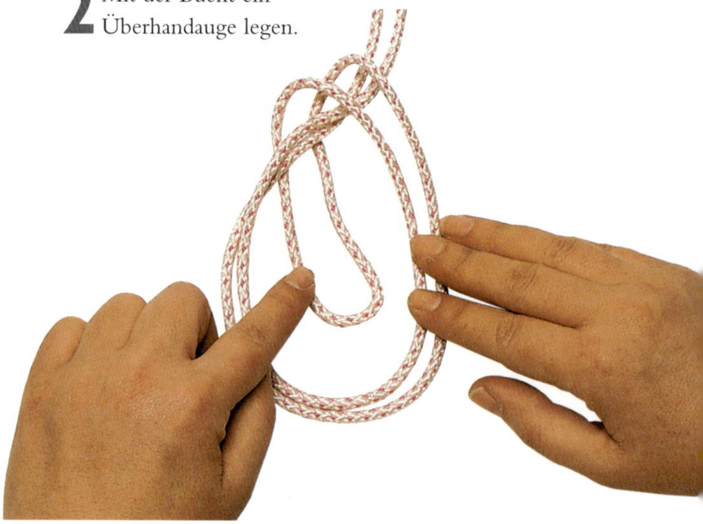

3 Die Bucht von unten in das doppelt gelegte Auge führen.

4 Mit den stehenden Parten eine Bucht formen. Die Bucht liegt parallel zu den stehenden Parten. Die zweifachen Schlingen auf die gewünschte Größe ziehen.

5 Die Arbeitsbucht hinten um die stehenden Parten führen.

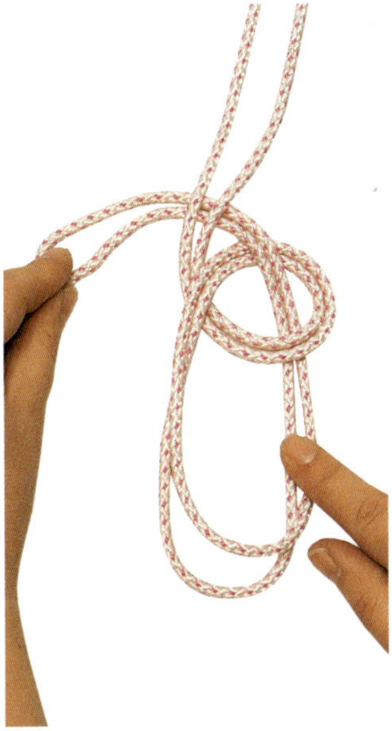

6 Die Arbeitsbucht von oben in das von den stehenden Parten gebildete Auge führen. Diese Bucht ergibt die dritte Schlinge.

7 Alle drei Schlingen mit der einen Hand greifen und, mit der anderen die festen Parten haltend, diese festziehen.

ANMERKUNG

Ist eine stehende Part kürzer als die andere, sollte diese aus Sicherheitsgründen mit einem doppelten Überhandknoten mit der Partnerpart verknüpft werden.

WASSERPALSTEK

Dieser Knoten neigt im nassen Zustand weniger zum Festziehen, daher auch sein Name.

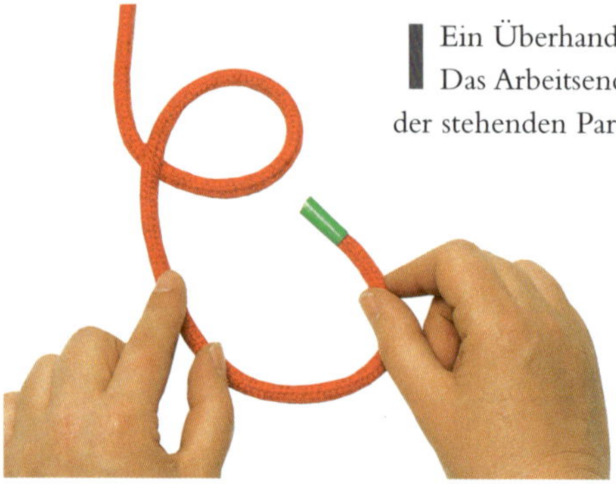

1 Ein Überhandauge legen. Das Arbeitsende liegt auf der stehenden Part.

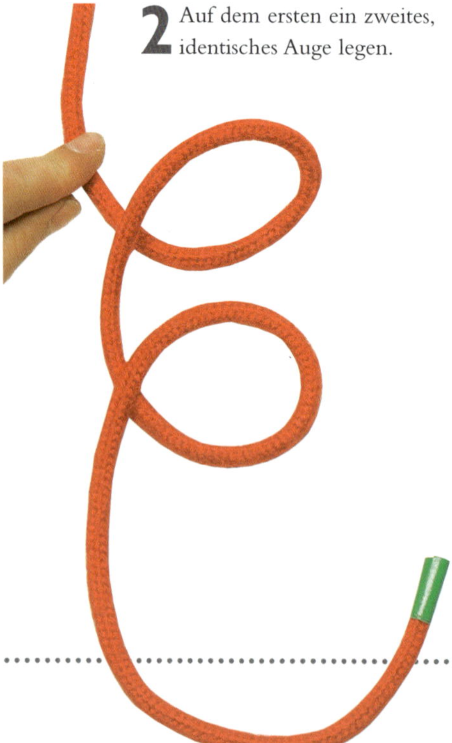

2 Auf dem ersten ein zweites, identisches Auge legen.

3 Das lose Ende von hinten nach vorn durch das unten liegende Auge stecken.

4 Das lose Ende von hinten nach vorn durch das oben liegende Auge stecken.

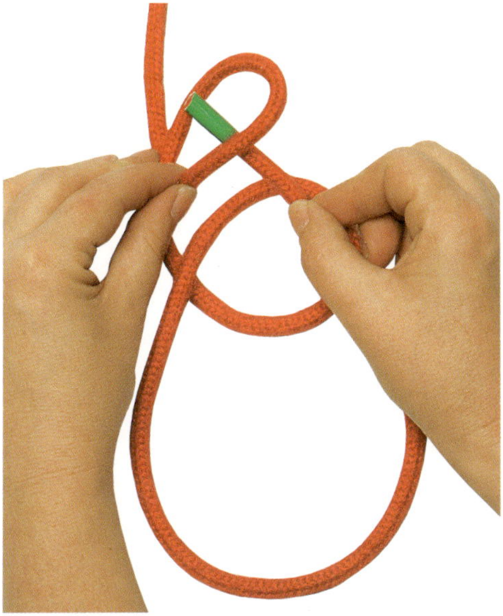

5 Das lose Ende hinten um die stehende Part führen.

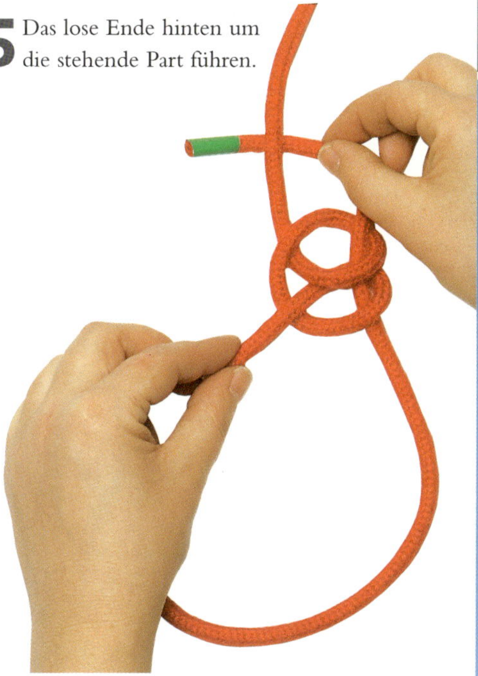

6 Das Arbeitsende parallel zu sich selbst von oben nach zuerst durch das obere und dann durch das untere Auge ziehen.

7 Den Grundknoten festziehen und dann das untere Auge sorgfältig zum Knoten hinziehen.

PALSTEK MIT EINER BUCHT

Dieser alte Knoten wird auch heute noch bei der Seerettung eingesetzt. Ist die zu rettende Person bei Bewusstsein, steckt sie je ein Bein durch je eine Schlinge und hält sich an der stehenden Part fest. Ist die Person bewusstlos, werden beide Beine durch eine Schlinge gesteckt und die andere Schlinge wird unter den Achseln angebracht.

1 Eine Leine mitteln und eine Bucht legen.

2 Die Bucht nach links über die stehende Part legen.

3 Die Bucht von hinten nach vorn durch das Auge führen.

4 Die Bucht auseinander breiten und unten über das Auge legen.

5 Die so entstandene Bucht über und hinter das Auge führen und über die stehenden Parten schieben. Die Schlingen greifen und den Knoten an den stehenden Parten gleichmäßig festziehen.

SPANISCHER PALSTEK

(AUCH ALS SESSELKNOTEN BEKANNT)

Ein weiterer bewährter Knoten zur Rettung von Menschen, wobei der zu Rettende bei Bewusstsein sein muss. Mit je einem Bein in einer Schlinge muss die Person sich in Brusthöhe fest an die stehenden Parten klammern, um nicht aus den Schlingen zu kippen.

1 Eine Leine mitteln oder eine lange Bucht in das Seil legen und die Bucht über die beiden Parten legen. Es entstehen zwei Augen.

2 Das linke Auge einmal gegen den Uhrzeigersinn verdrehen.

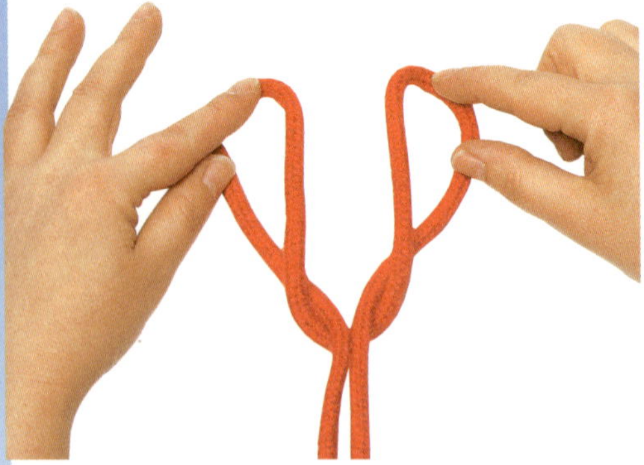

3 Das rechte Auge im Uhrzeigersinn verdrehen.

4 Das linke Auge durch das rechte Auge schieben, wobei die Verdrehung bestehen bleibt.

5 Die Augen wie gezeigt auseinander breiten. Die stehenden Parten sind parallel.

6 Die sich unten kreuzenden Parten in zwei Buchten seitlich der stehenden Parten auseinander ziehen.

7 Die beiden unteren Augen anheben, verdrehen und durch die oberen Augen stecken.

8 Die beiden Augen auf die gewünschte Länge nach außen ziehen.

9 Den Knoten an den Parten dichtziehen.

PORTUGIESISCHER PALSTEK MIT GESPREIZTEN BUCHTEN

Eine Variante eines weiteren klassisch maritimen Knotens. Ein Paar dieser Knoten am Ende einer Leiter trägt z.B. eine improvisierte Arbeitsplattform oder hält ein Gestell, an dem Küchenutensilien angehängt werden können. Zu beachten gilt, dass jedes Auge vom jeweilig anderen lose gezogen werden kann.

1 Mit dem Arbeitsende der Leine eine Schlaufe so legen, dass das Arbeitsende auf der stehenden Part liegt. Dann das Arbeitsende in einer Bucht zurückführen.

2 Den Umfang des unteren Auges verkleinern und die untere Bucht festhalten.

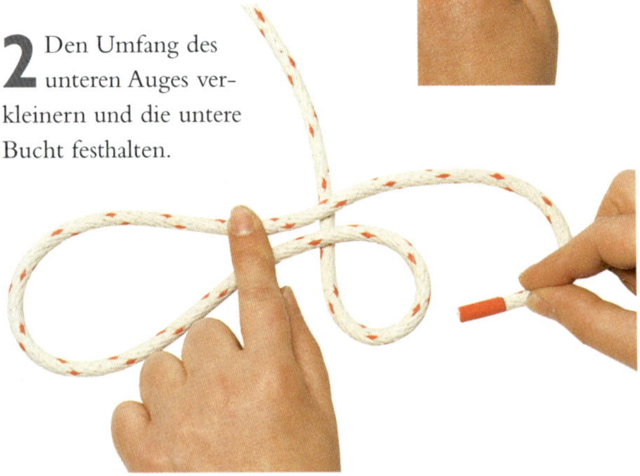

3 Das Arbeitsende so führen, dass es, von unten in das Auge gesteckt und nach vorn geführt, ein zweites Auge bildet.

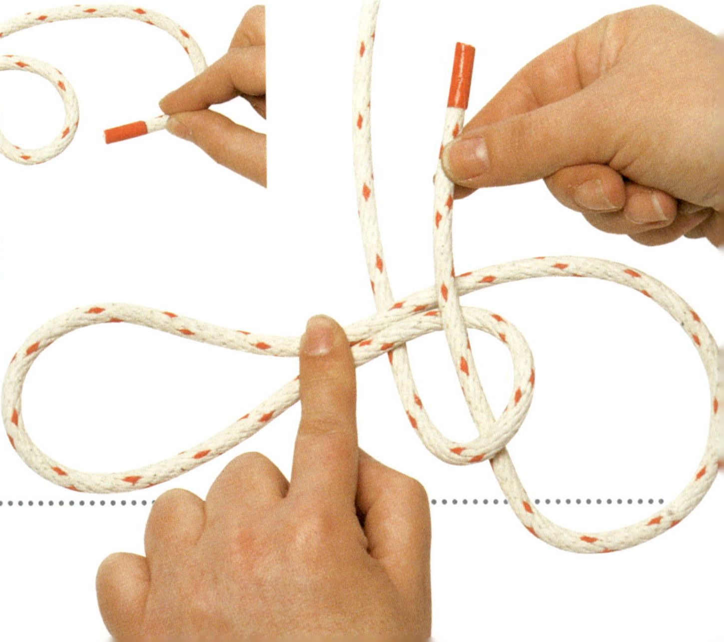

4 Das Arbeitsende aus dem Auge hervorziehen und um die stehende Part nach hinten führen.

5 Das Arbeitsende von oben in das mittlere Auge stecken.

6 Die beiden Augen auf die passende Größe ausrichten und den Knoten festziehen.

PALSTEK MIT STOPPERKNOTEN

Als zusätzliche Sicherung wird das Arbeitsende als Stopperknoten an das anliegende Auge geknüpft.

1 Einen Palstek knüpfen (siehe Seite 56–57 Schritt 1–5).

2 Das Arbeitsende seitlich am Auge um das Auge legen.

3 Mit dem Arbeitsende ein Überhandauge legen und festziehen.

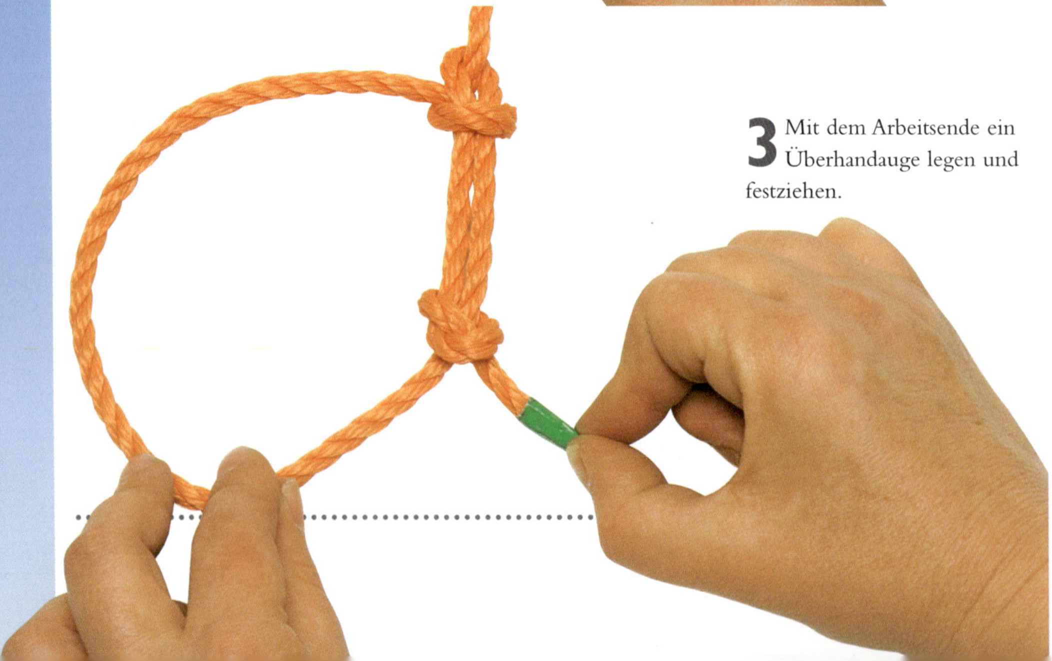

FROST-KNOTEN

Dieser Knoten wurde um 1906 von Tom Frost erfunden und ist eine einfache Überhandschlaufe, die statt in Tauwerk in Gurtbänder gebunden wird. Der Knoten wird in Kletterleitern, so genannten Steigbügeln, verwendet.

1 Eine Bucht in ein Ende des Gurtbands legen.

2 Das kurze Ende zwischen die Gurtpartien legen.

3 Mit allen drei Parten des Gurtes entgegen dem Uhrzeigersinn ein Überhandauge legen.

4 Die dreipartige Bucht und das lose Ende von hinten in das Auge stecken und durchziehen. Darauf achten, dass alle Parten flach liegen und den Knoten festziehen.

SPINDELKNOTEN

Ursprünglich verband dieser Knoten eine dünne Leine mit einer Spindel, wohingegen er heutzutage vornehmlich von Anglern zum Befestigen der Leine an einem Haken oder Köder genutzt wird.

1 Eine Bucht am Ende einer Leine legen.

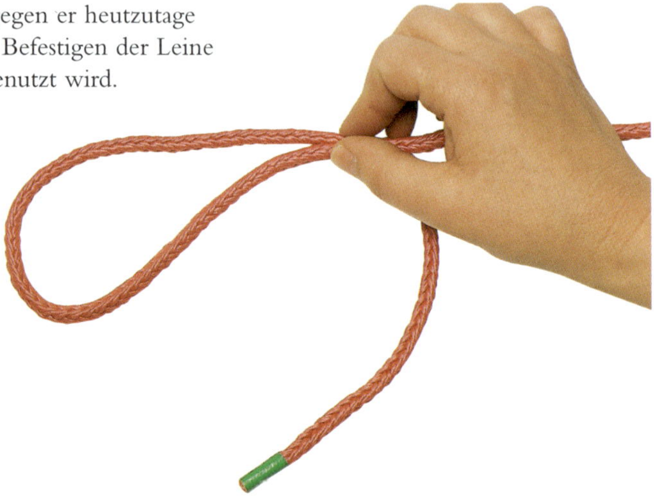

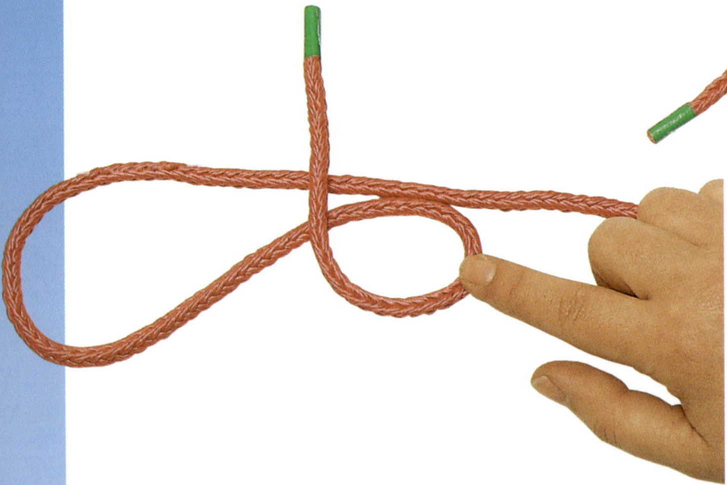

2 Die beiden Parten zusammenhalten und mit dem Arbeitsende ein Auge, auch über den stehenden Part, legen.

3 Das Arbeitsende um die beiden Buchtparten herum und von unten in das Auge führen.

4 Das Ende in einem kompletten Törn um die beiden Buchtparten legen und durch das Auge führen.

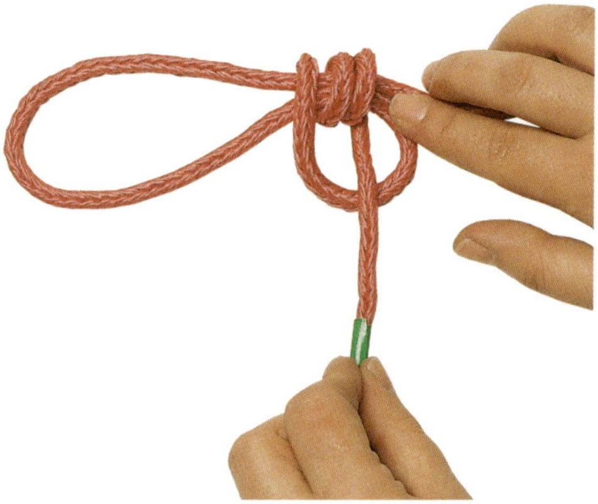

5 Das Ende erneut in einem kompletten Törn um die Buchtparten legen, dabei das Umwickelte fest zusammenhalten.

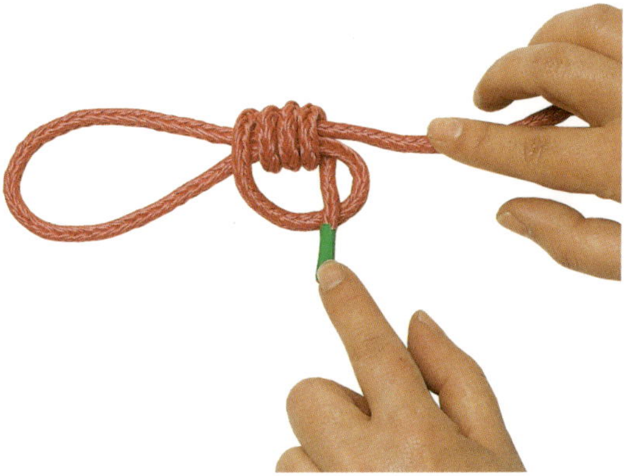

6 Noch einen dritten Törn legen und alle Törns dicht und fest zusammenlegen.

7 Das Arbeitsende bekneifen, indem das kleine Auge zusammengezogen und an einer stehenden Part des großen Auges gezogen wird.

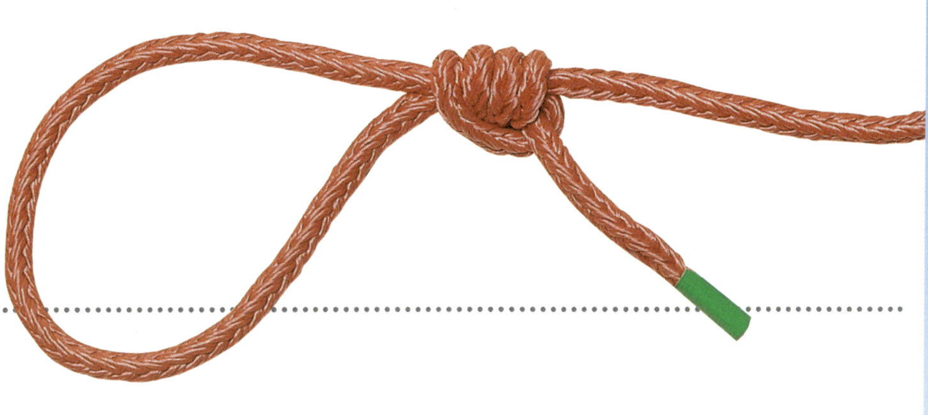

BLUTKNOTEN-LEINEN-SCHLINGE

Die Drehung in diesem Knoten macht ihn zum Mitglied in der Familie der Blutknoten (siehe Stopperknoten: Doppelter Überhandknoten, Seite 39). Meist in Angelschnüre geknotet, ist das Auge eine ideale Befestigung für den Köder. In der Mitte einer Leine angebracht, dient das Auge als attraktive Aufhängungsmöglichkeit für vielerlei Dinge.

1 In die Leinenmitte ein Auge legen. (Ein Schlüssel oder eine Pfeife kann auf die Leine aufgezogen werden.)

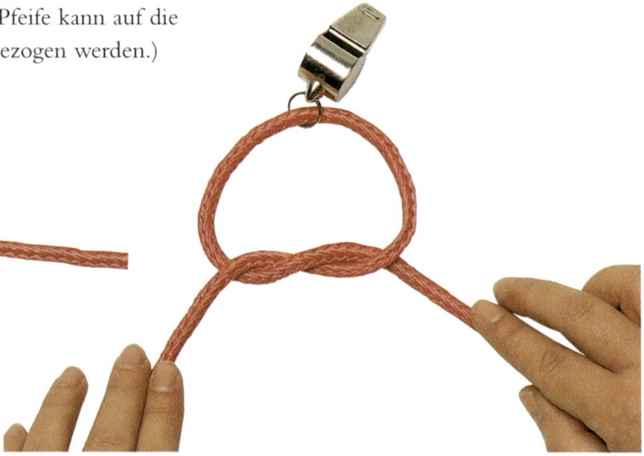

2 Einen einfachen Überhandknoten machen (siehe Seite 38), dabei das Auge locker halten.

3 Mit beiden Enden je einen Törn um die stehende Part schlagen.

4 Noch einen dritten Törn um die stehende Part legen.

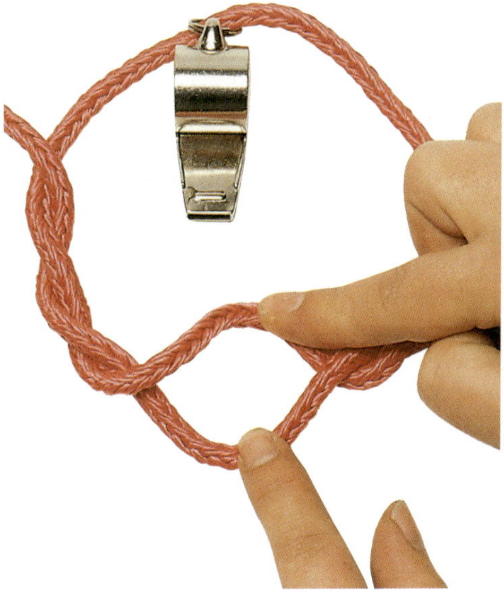

5 Die Mitte der dreifachen Wicklung festlegen.

6 Die obere Part des Originalauges buchtförmig durch die Mitte der dreifachen Wicklung ziehen.

7 Den Knoten sorgfältig formen und festziehen, dabei die Schlinge in die gewünschte Größe ziehen.

FARMERSCHLINGE

Dieser Knoten erhielt seinen Namen 1912, als Professor Howard W. Riley ihn in seine Broschüre als einen auf amerikanischen Farmen genutzten Knoten aufnahm. Dieser solide, starke Knoten wird in einer froschähnlichen Art geknotet.
Einmal gelernt, bleibt er dauerhaft in Erinnerung.

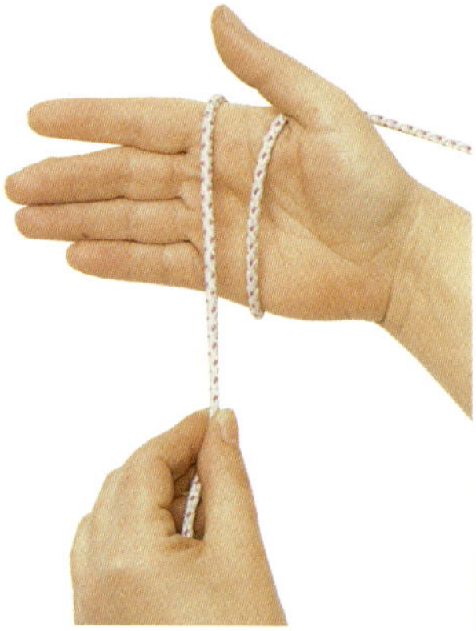

1 Den Bereich der Leine, in dem der Knoten platziert werden soll, mit einem Rundtörn um eine Hand legen.

2 Einen weiteren Törn machen, sodass nun drei Parten auf jeder Seite der Hand liegen.

3 Die mittlere Part nach rechts über die rechte legen.

4 Die so entstandene neue mittlere Part nach links über die linke legen.

5 Wiederum die in der Mitte liegende Part nach rechts legen.

6 Die nun in der Mitte liegende Part ist die Schlinge.

7 Die Schlinge in die gewünschte Länge ziehen und den Knoten dichtholen.

ACHTSCHLAUFE

Früher wurde dieser Knoten nicht von Seeleuten geschätzt, da er sich in nassem Zustand in Naturfaser-Tauwerk unlösbar zusammenzog. Für Synthetiktauwerk ist er jedoch nützlich, da er rasch gemacht und leicht zu überprüfen ist. Daher ist der Knoten, an dem sich auch ein Karabiner befestigen lässt, heute bei Bergsteigern, Kletterern und Höhlenforschern sehr beliebt.

1 Eine lange Bucht in das Ende einer Leine legen.

2 Die Bucht zurück und hinter den stehenden Parts nach vorne führen.

3 Die Bucht über die parallel nach hinten geführten Parten legen und unten durch das Auge ziehen. Diese Bucht wird so zur Schlinge des Knotens.

4 Die Bucht an den stehenden Parten dichtziehen und für die Schlinge öffnen.

BOGENSEHNENKNOTEN

Wie der Name besagt, umspannten Bogenschützen früher mit diesem Knoten die Spitzen ihrer Bogensehnen. Heute wird er für das Spannen von Zelt- oder Wäscheleinen genutzt, da er in begrenztem Maße verstellbar ist. Amerikanische Cowboys, die ihn für ihr Lasso nutzten, nannten ihn Hondaknoten.

1 Mit dem Arbeitsende im Uhrzeigersinn ein Unterhandauge legen.

2 Das Ende durch das Auge stecken und einen Überhandknoten formen.

3 Das Arbeitsende über-über-unter durch das oberste Auge des Überhandknotens stecken.

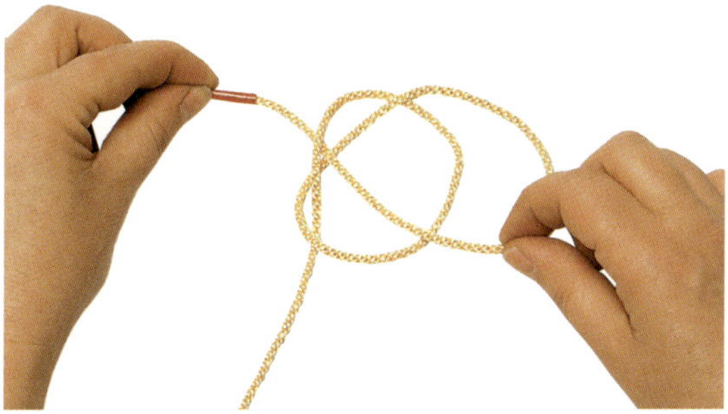

4 Den Knoten zusammenziehen und das lose Ende mit einem kleinen Stopperknoten sichern, damit es nicht ausrauscht.

5 Für die Länge der Schlaufe nur die Position des Stopperknotens verändern.

DOPPEL-ACHTKNOTEN

Die beiden Schlaufen dieses Knotens exakt zu justieren und wieder zu lösen ist etwas schwierig. Doch dieser letztlich einfache Knoten hat keine Enden, die sich lose arbeiten könnten.

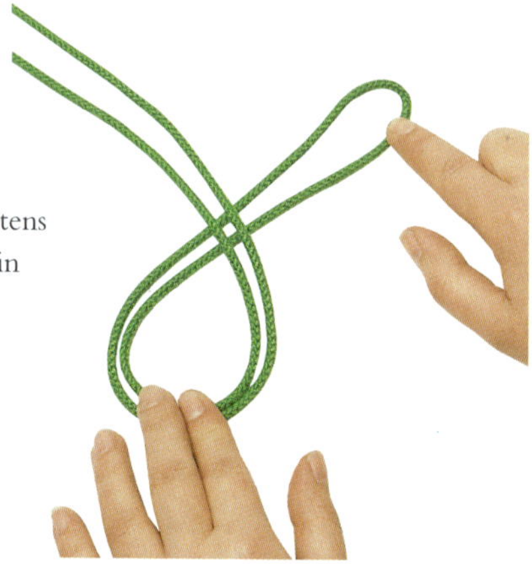

1 Die Leine an der Stelle des Knotens mitteln und im Uhrzeigersinn ein Unterhandauge legen.

2 Die Bucht nach links über die stehenden Parten bringen.

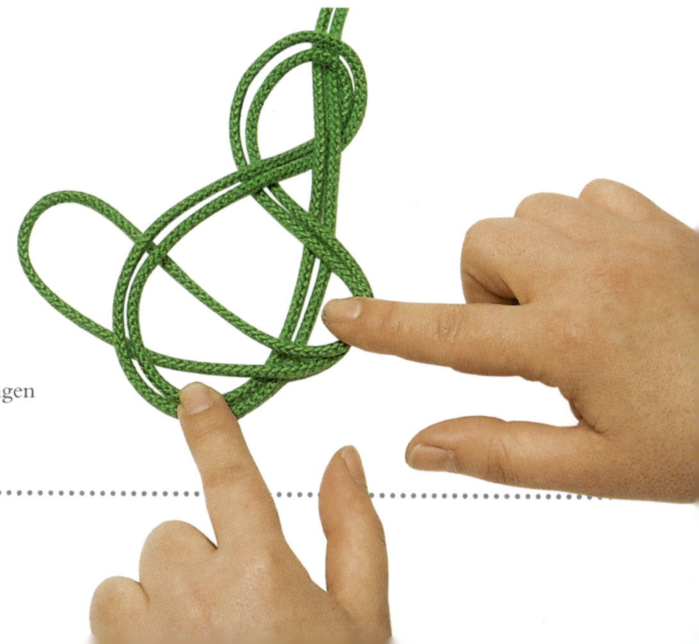

3 Die Bucht hinter das Auge bringen und etwas durchziehen.

4 Die Buchten in die gewünschte Größe bringen.

5 Die zuerst geformte Bucht über die neu gebildeten Buchten schieben.

6 Diese Bucht über den Knoten nach oben schieben, um die doppelte Bucht zu sichern.

7 Den Knoten an den stehenden Parten und den doppelten Schlaufen dichtziehen.

SCAFFOLD-KNOTEN/ EINSTELLBARER DOPPELTER ÜBERHANDKNOTEN

Ein sinnvoller Knoten zum Befestigen für mancherlei Alltagsgegenstände. Macht man Brillenbügel damit fest, lässt sich die Brille an einer dünnen Leine am Hals tragen.

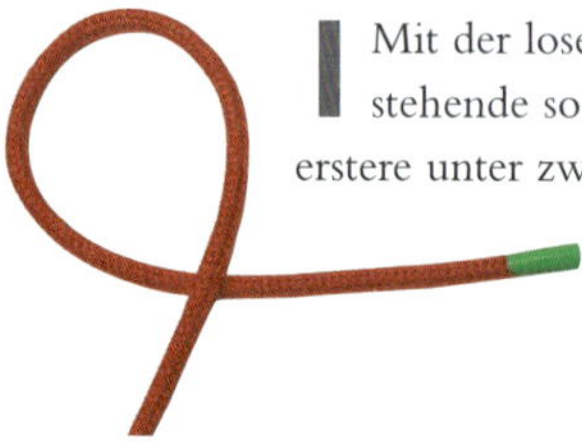

1 Mit der losen Part die stehende so kreuzen, dass erstere unter zweiterer liegt.

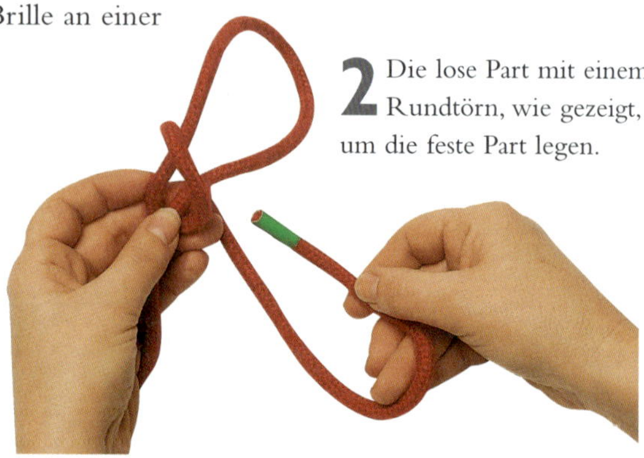

2 Die lose Part mit einem Rundtörn, wie gezeigt, um die feste Part legen.

3 Einen zweiten Rundtörn um die stehende Part legen.

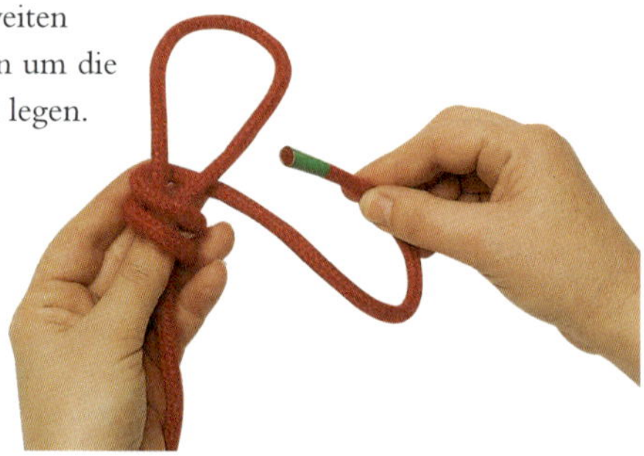

4 Die lose Part durch die beiden Rundtörns stecken.

5 Den Knoten an der losen Part und der gegenüberliegenden Part der Bucht dichtziehen. An der stehenden Part die Länge der Schlaufe regulieren.

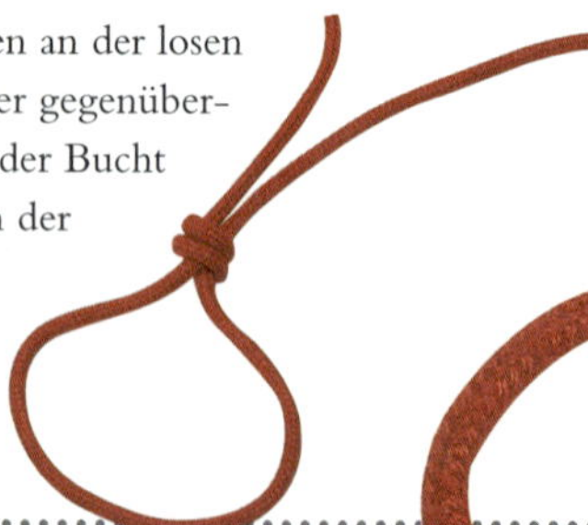

Der Gerüstknoten kann auch ganz nach Wunsch mit weiteren Törns umwunden werden. Dieser Gerüstknoten hat vier Törns.

GERÜSTKNOTEN

Der einfachste aller Laufknoten. Vergleichen Sie diesen mit dem Überhandknoten mit Zugschlinge (siehe Seite 43) und beachten Sie, wie der Knoten in die stehende Part der Leine geknüpft wird.

1 Das Arbeitsende einer Leine in einer Hand halten.

2 Mit der anderen Hand in die stehende Part der Leine einen Überhandknoten mit einer Zugschlinge legen.

3 Den Knoten an der losen Part und der gegenüberliegenden Part der Bucht dichtziehen.

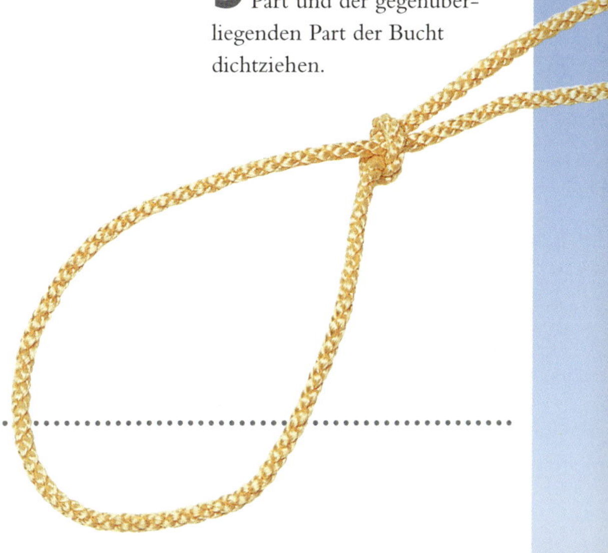

REGULIERBARER KNOTEN MIT SCHLINGE

Dieser Knoten wurde von dem kanadischen Bergsteiger Robert Chisnall ersonnen. Ruckartige Bewegung lässt den Knoten zunächst gleiten, bis die Reibung die Kraft auf ein erträgliches Maß reduziert hat, wenn er greift. Probieren Sie es einfach aus, indem Sie an der stehenden Part ziehen.

1 Ein Auge formen, wobei das Arbeitsende über der stehenden Part liegt.

2 Mit dem Ende einen Törn um die stehende Part schlagen.

3 Einen zweiten Törn mit dem Ende machen.

4 Das Arbeitsende um beide Parten des Auges führen.

5 Das Ende unter der zweiten Wicklung durchstecken.

6 Den Knoten am Arbeitsende und an der gegenüberliegenden Bucht dicht- und in Form ziehen.

FÄHNRICHS- ODER MIDSHIPMAN'S STEK

Einer der stärksten Gleit- und Greifknoten, der, in die gewünschte Lage gebracht, unter Zug hält. Nützlich für das Spannen von Zeltspannleinen.

1 Einen Überhandknoten im Uhrzeigersinn legen.

2 Das Arbeitsende von hinten durch das Auge führen.

3 Mit dem Ende einen Törn um die stehende Part legen, der seinen eigenen ersten Törn bekneift.

4 Das Ende wieder in das Auge stecken und neben dem ersten einen zweiten Törn legen.

5 Das Arbeitsende außerhalb des Auges hinter die stehende Part und dann von links nach rechts entlang der stehenden Part des Auges führen.

6 Einen halben Schlag um die stehende Part legen und den Knoten so zusammenziehen, dass er neben den anderen Törns liegt.

TARBUCK-KNOTEN

Dieser Gleit- und Greifknoten ist nach Ken Tarbuck benannt. Der Halt rührt daher, dass er in die stehende Part ein Hundebein formt.

1 Ein Überhandauge in der gewünschten Größe legen, wobei das Arbeitsende über der stehenden Part liegt.

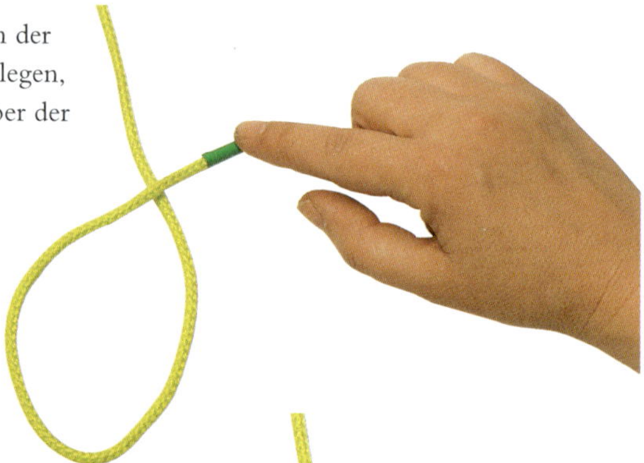

2 Die Arbeitspart von hinten in das Auge führen.

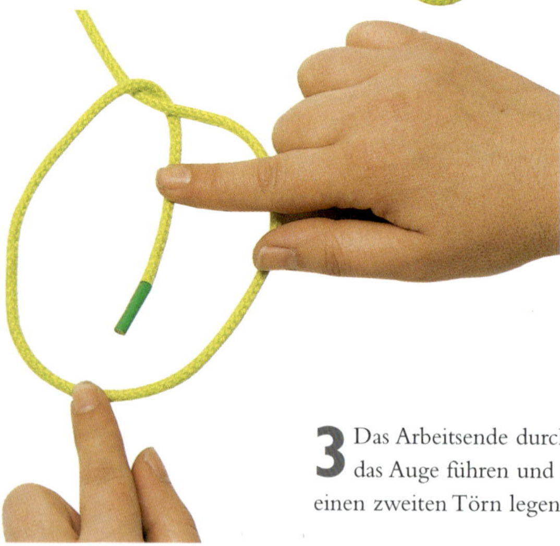

3 Das Arbeitsende durch das Auge führen und dann einen zweiten Törn legen.

4 Die beiden Törns um die stehende Part vollenden und dann das Ende hinter die stehende Part legen.

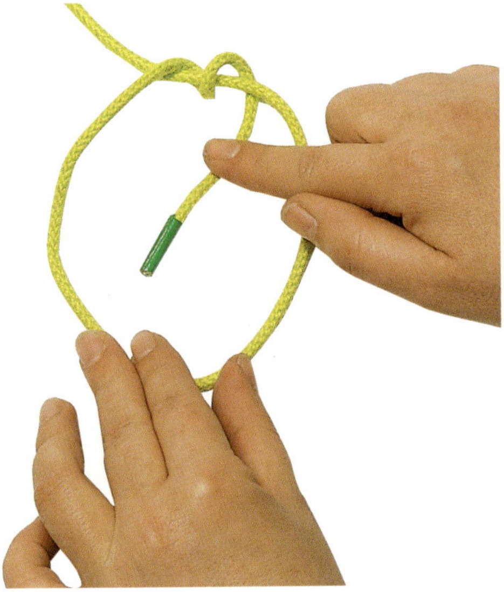

5 Nun das Ende außerhalb des Auges über die stehende Part führen.

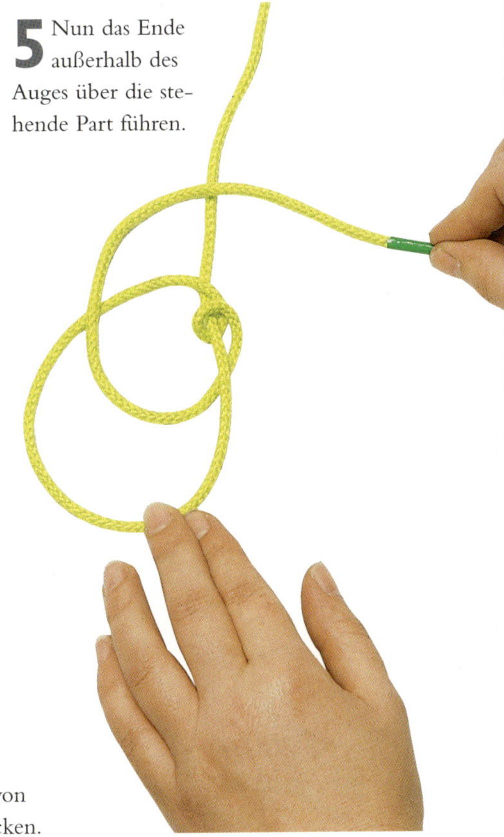

6 Das Arbeitsende hinter die stehende Part führen und von oben über-unter sich selbst stecken.

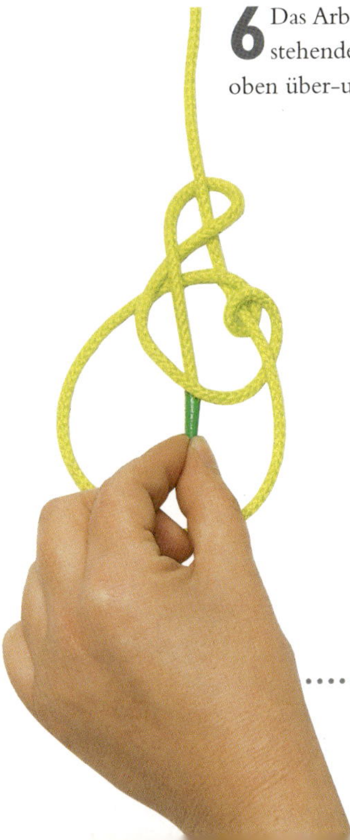

7 Den Knoten Stück für Stück zusammenziehen, bis er straff sitzt.

TOM-FOOL-KNOTEN

Eine der so genannten Handfesseln oder Handschellen, die jedoch eher wie zwei Schlaufen eines Schuhbandes wirken. Weniger zum Fesseln von Übeltätern – obgleich sich bei Clifford Ashley der Hinweis findet, dass Wildhüter damit Wilddiebe dingfest machten – ist dieser Knoten wohl eher als Alternative zur Pflockleine entstanden, um sicherzustellen, dass grasende Tiere sich nicht zu weit entfernten. Ähnliche Knoten werden heute noch auf den griechischen Inseln für Ziegen verwendet – in der Hoffnung, dass diese die Leinen nicht durchfressen.

1 Ein Überhandauge im Uhrzeigersinn in ein Seil legen.

2 Daneben entgegen dem Uhrzeigersinn ein gleich großes Unterhandauge legen.

3 Das linke halb über das rechte Auge schieben.

4 Die rechte Part des linken und die linke Part des rechten Auges fassen und nach rechts bzw. nach links durch das jeweilige Auge ziehen.

5 Die beiden Augen durchziehen und in der gewünschten Größe ausrichten.

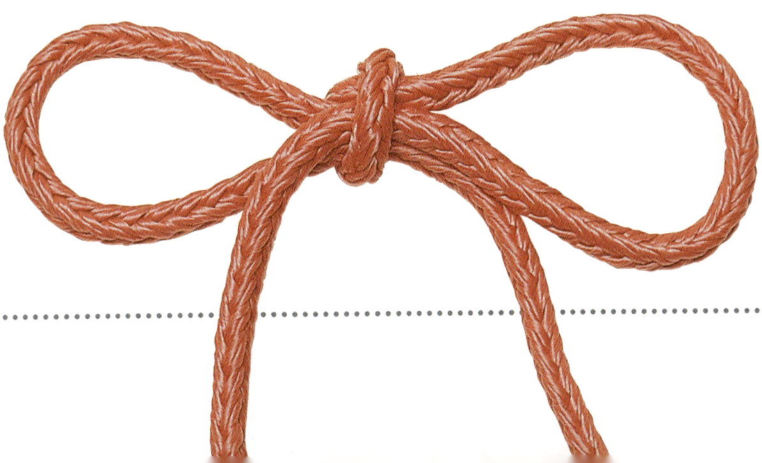

6 Den Knoten dichtziehen.

HANDFESSELKNOTEN

Eine Variante des Tom-Fool-Knotens, obwohl nicht feststeht, welcher der festere von beiden ist. Kunstvoller ist dieser Knoten allemal.

1 Ein Überhandauge im Uhrzeigersinn in ein Seil legen.

2 Daneben entgegen dem Uhrzeigersinn ein gleich großes Unterhandauge legen.

3 Das rechte halb über das linke Auge schieben.

4 Die rechte Part des linken und die linke Part des rechten Auges fassen und nach rechts bzw. nach links durch das jeweilige Auge ziehen.

5 Die beiden Buchten auf die gewünschte Länge richten und den Knoten festziehen.

FEUERWEHRSTUHL

Der Handfesselknoten ist die Basis für diesen ausgefeilten Knoten, der mit einigen halben Schlägen zu Ende geführt wird. Wie der Name andeutet, wird er von Feuerwehrleuten im Einsatz genutzt. Ein Auge greift unter die Achseln des zu Rettenden, das andere umfasst die Beine oberhalb der Knie. Ein Retter lässt das Opfer mit einem langen Ende herab, während ein anderer es mit dem anderen Ende von der Wand oder den Flammen weghält.

1 Ein Überhandauge im Uhrzeigersinn in ein Seil legen.

2 Daneben entgegen dem Uhrzeigersinn ein gleich großes Unterhandauge legen.

3 Das rechte halb über das linke Auge schieben.

4 Die rechte Part des linken und die linke Part des rechten Auges fassen und nach rechts bzw. nach links durch das jeweilige Auge ziehen.

5 Die beiden Buchten auf die gewünschte Länge richten und den Knoten festziehen.

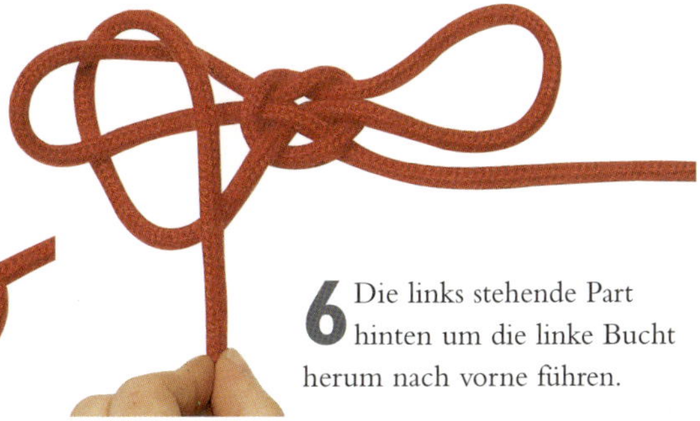

6 Die links stehende Part hinten um die linke Bucht herum nach vorne führen.

7 Das Arbeitsende durch sein eigenes Auge zu einem halben Schlag hindurchstecken.

8 Die rechts stehende Bucht um die rechte Bucht herum nach vorne führen.

9 Das Arbeitsende durch sein eigenes Auge zu einem halben Schlag hindurchstecken.

HENKERSCHLINGE
(AUCH ALS JACK-KETCH-KNOTEN BEKANNT)

Ein Knotenhandbuch ohne diesen Knoten würde seinem Namen nicht gerecht. Der Name enthüllt seinen grausigen Gebrauch und sein zweiter Name erinnert an den berüchtigten Henker Jack Ketch, der 1686 starb. Es musste, so der Aberglaube, immer eine ungerade Anzahl von Törns zwischen sieben – steht wohl für die Sieben Meere – und der unglückseligen Dreizehn gebunden werden.

WICHTIG

Wie der Name verrät, kann der Knoten sehr gefährlich sein.

AUF KEINEN FALL

um den Hals legen, auch nicht zum Spaß!

1 Am Ende einer Leine S-förmig zwei Buchten legen.

2 Mit dem Arbeitsende ein Auge um die beiden anderen Parten legen.

3 Die stehende Part soll zwischen den beiden anderen liegen.

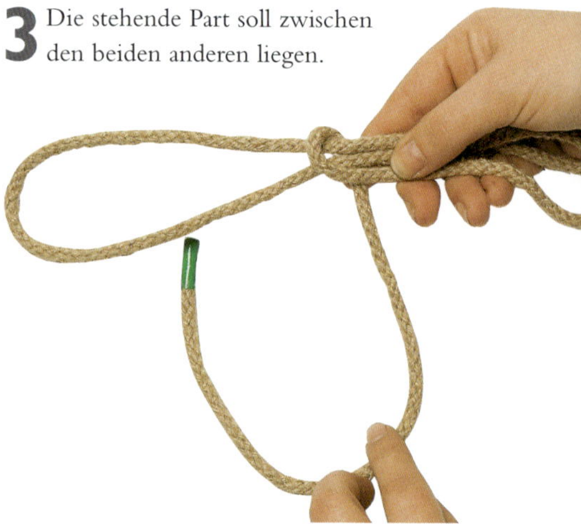

4 Um die drei stehenden Parten mit dem Arbeitsende weitere Törns dicht bei dicht legen und festziehen.

5 Mit dem Arbeitsende weitere Törns legen – sieben oder mehr an der Zahl, die Anzahl sollte jedoch ungerade sein.

6 Das Arbeitsende durch die verbleibende kleine Bucht ziehen.

7 Den Knoten an der großen Bucht, gleich an welcher Part, festziehen.

Verbindungsknoten

Es gibt zwei Arten von Verbindungsknoten: Der eine wird einmal oder mehrmals um einen Gegenstand gelegt, wobei die beiden Enden verknotet werden, und der andere wird ebenso um einen Gegenstand gelegt, wobei die Enden aber unter die Wicklung gesteckt werden. Sie dienen zwei Aufgaben: Entweder halten oder befestigen sie einen Gegenstand oder sie halten zwei oder mehrere Objekte zusammen.

KREUZKNOTEN

(AUCH ALS REFFKNOTEN, RECHTECKKNOTEN UND SCHIFFERKNOTEN BEKANNT)

Dieser Knoten gehört zu den bekanntesten und am einfachsten zu fertigenden Knoten. Schon in den ersten Kulturen verwendet, war er auch den Ägyptern bekannt. Seine Einmaligkeit rührt daher, dass er mit beiden Enden geknüpft werden kann. Der Name stammt von seinem maritimen Gebrauch für das Segelreffen. Heute nutzt man ihn hauptsächlich zum Verschnüren von Paketen. Die Formel für den Knoten ist leicht zu merken: links über rechts, rechts über links.

ACHTUNG

Diesen Knoten nicht zum Verbinden zweier ungleicher Leinen nutzen. Er hält nur mit zwei identischen Leinen. (Siehe Kapitel: Knoten zum Verbinden von Leinen)

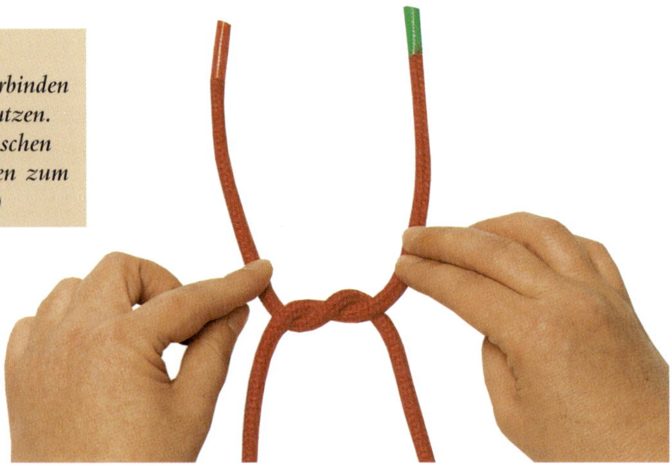

1 Die beiden Enden einer Leine links über rechts kreuzen.

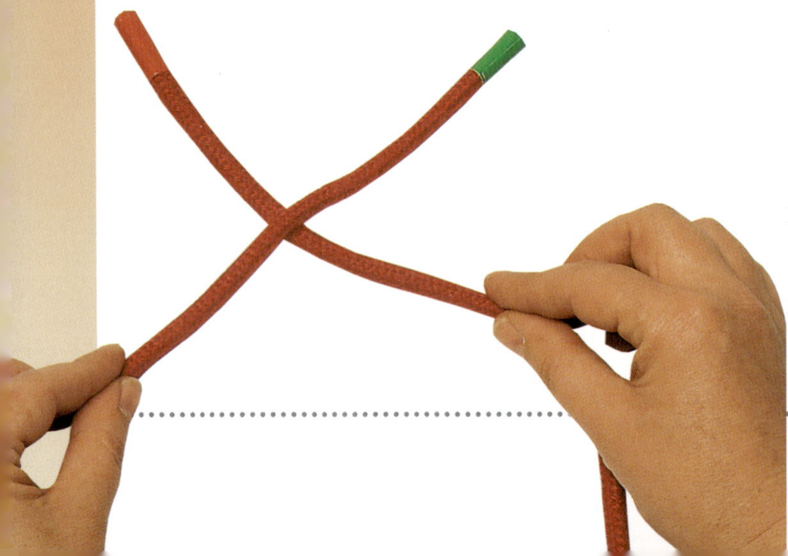

2 In dieser Lage mit beiden Leinen einen Überhandknoten machen.

3 Die beiden Enden erneut kreuzen, jetzt rechts über links.

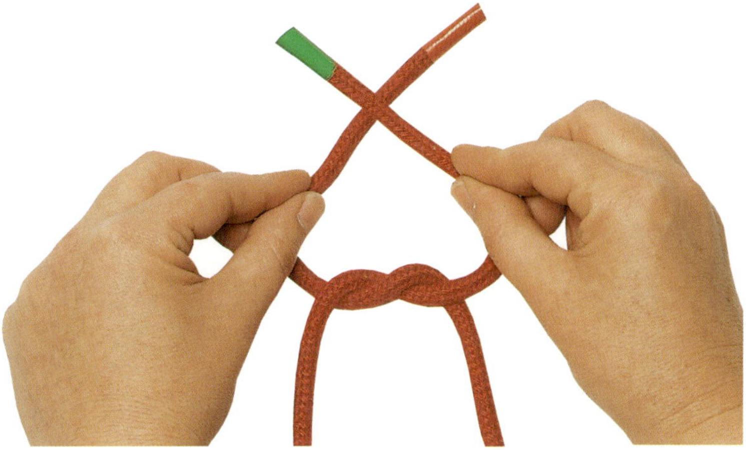

4 Wiederum mit beiden Leinen einen Überhandknoten machen.

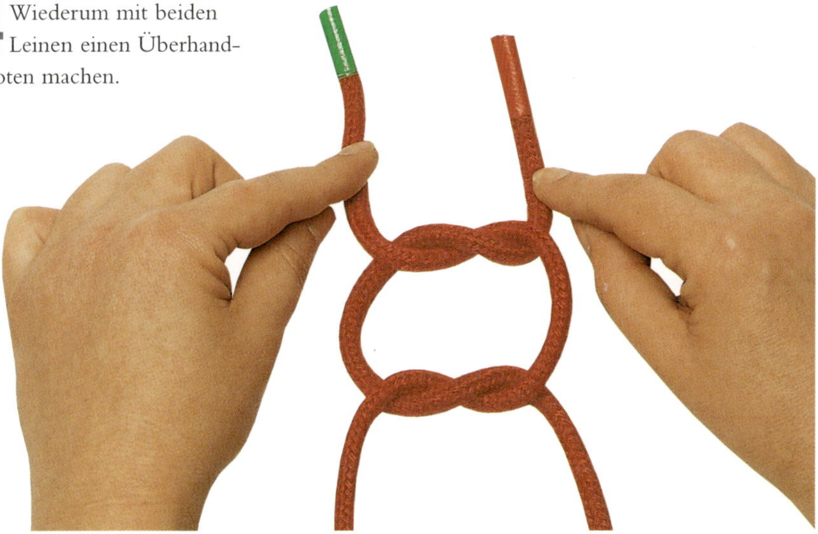

5 An beiden Parten den Knoten dichtziehen.

CHIRURGENKNOTEN

Dies ist eine Variante des Kreuzknotens und wird von Chirurgen zum Verschließen von Blutgefäßen und Wunden verwendet. Der Knoten greift gut. Er dreht sich beim Festziehen und das Diagonalteil umwickelt den Knoten.

1 Zwei Enden der zu verbindenden Leinen kreuzen, links über rechts.

2 Einen Überhandknoten machen.

3 Die Enden noch einmal umschlagen und dann zusammenbringen.

4 Einen zweiten Überhandknoten machen, dieses Mal rechts über links.

5 Jedes Arbeitsende mit dem benachbarten festen Ende zusammenfassen und ziehen.

6 An den feststehenden Parten ziehen, wobei der obere Überhandknoten sich leicht verdreht, sodass er den ganzen Knoten bedeckt. Der Knoten kann noch verstärkt werden, indem die Enden in Schritt 4 noch ein weiteres Mal umgeschlagen werden.

ALTWEIBERKNOTEN

Dies ist der bekannteste, wenngleich wohl auch der unzuverlässigste aller Knoten. Mit zwei gleichen Zugschlaufen wird er zum Binden unserer Schnürsenkel genutzt – doch auch die hält er meistens nicht. Er ist völlig unzuverlässig, da er rutscht oder sich festzieht. Vergleichen Sie diesen Knoten mit dem weitaus verlässlicheren Kreuzknoten, bei dem die beiden Knotenparten in entgegengesetzte und nicht wie beim Altweiberknoten in die gleiche Richtung gehen. Die Formel für den Knoten ist wiederum leicht zu merken: links über rechts, rechts über links.

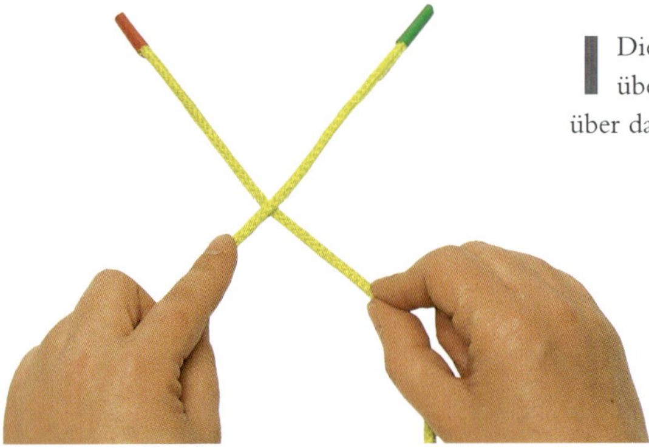

1 Die beiden Enden einer Leine übereinanderlegen, hier das linke über das rechte Ende.

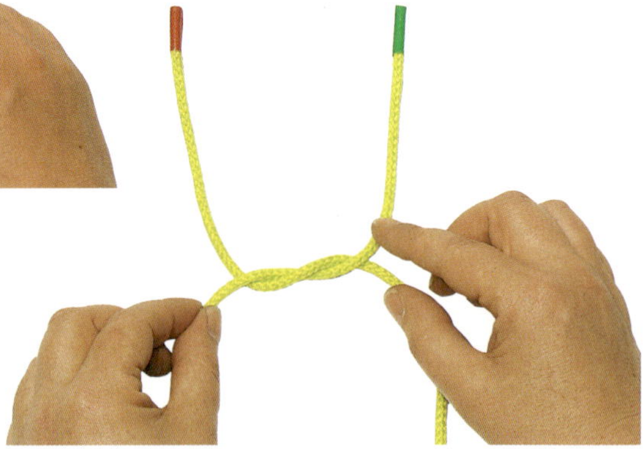

2 Einen Überhandknoten machen.

3 Die Enden wieder übereinanderlegen, das linke über das rechte Ende.

4 Einen zweiten Überhandknoten machen.

5 Den Knoten an den Parten dichtziehen.

WAHRER LIEBESKNOTEN

Aus zwei unterschiedlich langen Leinen mit zwei separaten Knoten, die spiegelgleich angebracht sind, ist dieser Knoten häufig ein Symbol für die bindende Kraft der Liebe zwischen zwei Menschen. Besonders apart wirkt er in zwei Farben angelegt.

1 Einen Überhandknoten in eine Leine machen, die Bucht sehr locker lassen.

2 Das Arbeitsende der zweiten Leine durch das Auge stecken.

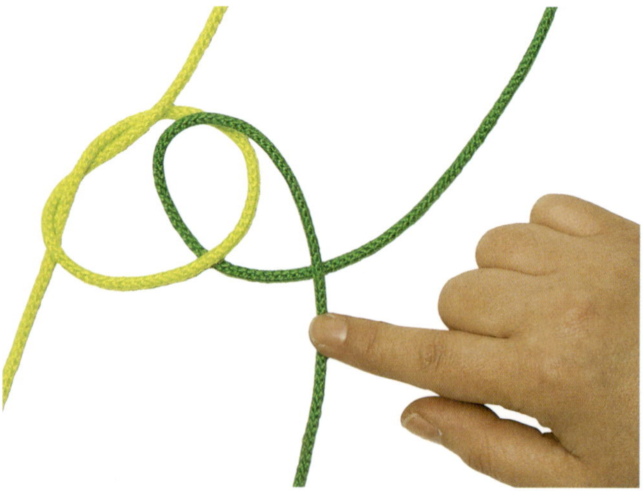

3 Das Arbeitsende der zweiten Leine über den stehenden Part legen.

4 Einen Überhandknoten in die zweite Leine machen.

5 Die Knoten an den Parten dichtziehen.

DIEBESKNOTEN
(ODER RUTSCHKNOTEN)

Auf den ersten Blick sieht er wie ein Kreuzknoten aus, doch es gibt einen maßgeblichen Unterschied: Der Knoten ist so gebunden, dass die kurzen Enden auf entgegengesetzten Seiten liegen. Es heißt, dass Seeleute ihn zum Verschließen ihrer Seesäcke nutzten. Diebe dagegen verknoteten den Sack mit einem Altweiberknoten, was sofort auf den Diebstahl hinwies.

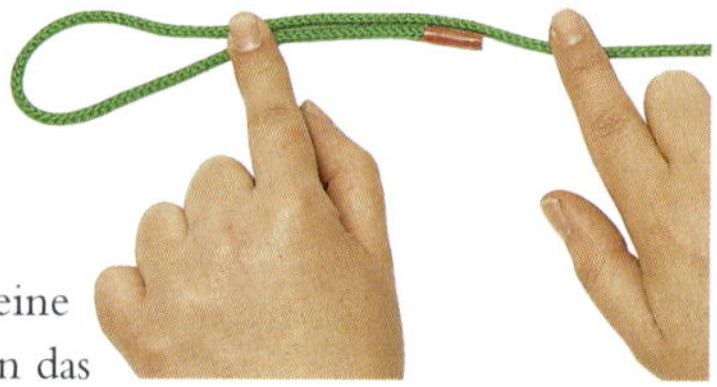

1 Eine kleine Bucht in das Ende einer Leine legen.

2 Die zweite Leine in Richtung auf das kurze Ende der Bucht einlegen.

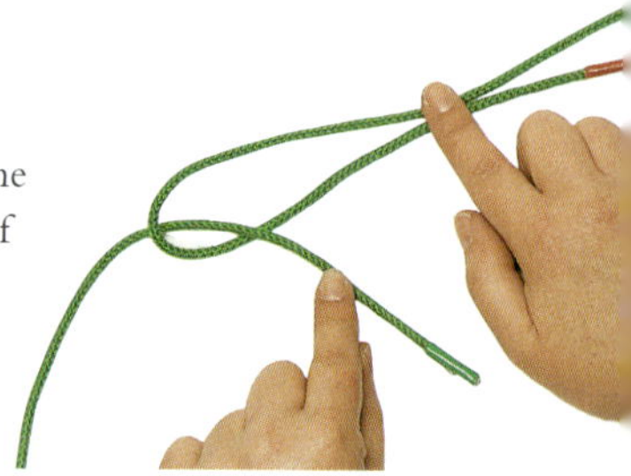

3 Das Arbeitsende um beide Buchtparten legen.

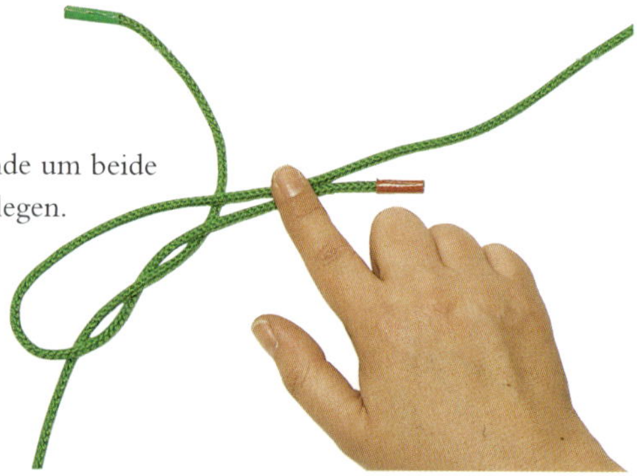

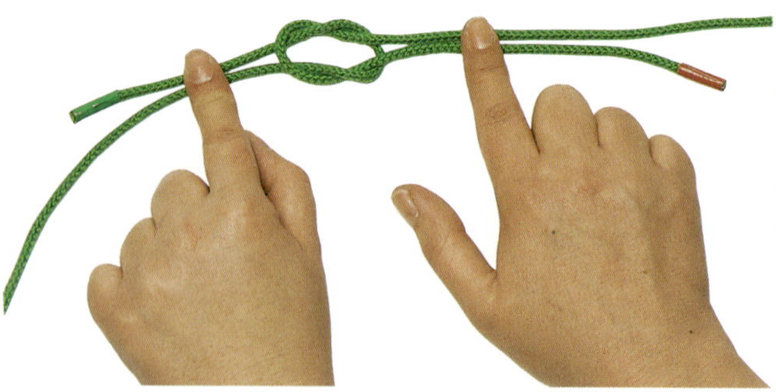

4 Das Arbeitsende so in die Bucht zurückstecken, dass es parallel zu seiner eigenen stehenden Part liegt.

KUMMERKNOTEN

Ähnlich wie der Altweiberknoten geformt, liegen nur die Enden diagonal entgegengesetzt. Ebenso unzuverlässig wie der Altweiber- und Diebesknoten lässt sich an den gut festgezogenen Enden leichtes Material befestigen.

1 Eine Bucht in ein Ende der Leine legen.

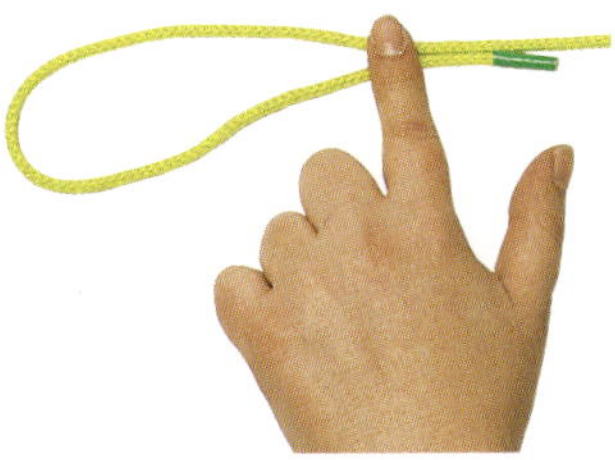

2 Das Arbeitsende der anderen Leine durch die Bucht stecken und in Richtung des kurzen Endes führen.

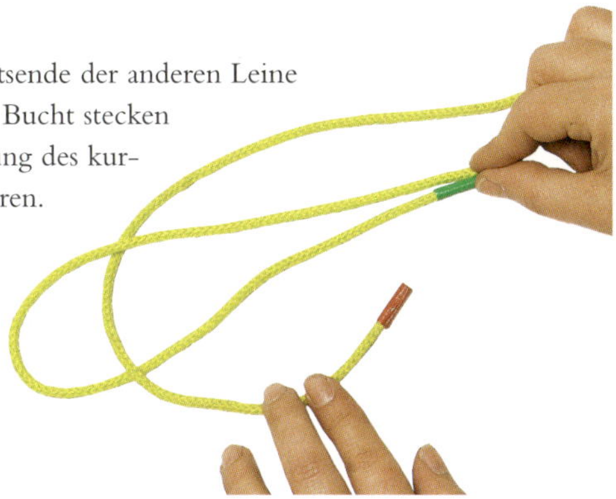

3 Das Arbeitsende unter dem kurzen Ende der Bucht hindurch und dann über die stehende Part der Bucht führen.

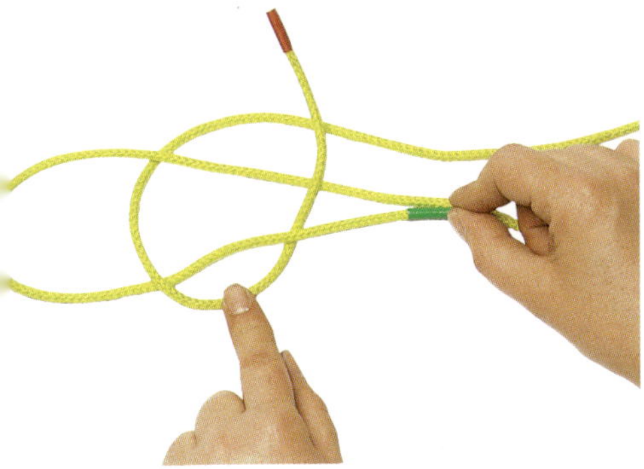

4 In dieser Lage einen Überhandknoten machen.

QUERHOLZKNOTEN

Diesen Knoten möchten alle Kinder gern beherrschen. Clifford Ashley band mit ihm zunächst die Querhölzer des Drachens seiner Tochter zusammen. Mit einem festen Knoten – ähnlich dem Würgestek – lässt sich im Garten Gitterwerk fest verbinden.

1 Die zu verbindenden Gegenstände, z.B. Bambusstäbe, liegen im rechten Winkel aufeinander.

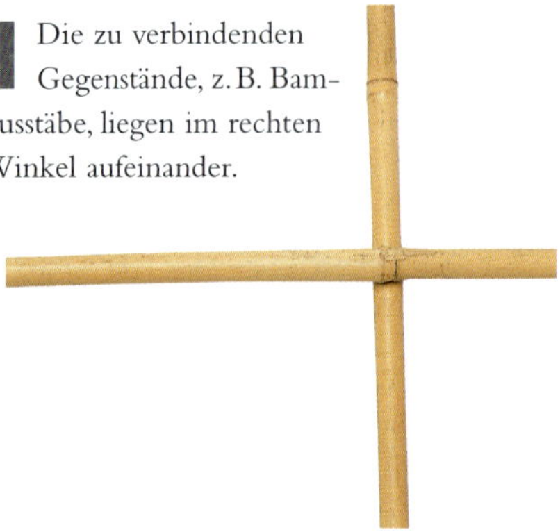

2 Das Arbeitsende einmal über das horizontale und vertikale Element führen.

3 Das Arbeitsende diagonal nach unten führen und mit seiner eigenen stehenden Part kreuzen.

4 Das Arbeitsende um das vertikale Element herumführen.

5 Das Ende unter und durch den diagonalen Knoten stecken, dabei einen Halbknoten bilden.

6 Den Knoten an den Enden dichtziehen. Für eine kräftigere Verbindung kann ein zweiter Knoten auf der Rückseite der überkreuzten Stäbe, im rechten Winkel zum vorderen Knoten angebracht werden.

STANGENLASCHING

Einfach und effektiv können Stäbe aller Art oder andere unhandlich lange Objekte mit dieser Lasching zusammengehalten werden. Garten- oder Zeltstangen so verbunden, können ordentlich verstaut und erstaunlich viele Tennis-, Badminton oder Squashschläger gebändigt werden.

1 Die Leine in S-Form unter die zusammenzubindenden Gegenstände legen.

2 Ein Ende der Leine über die Gegenstände und durch die gegenüberliegende Bucht auf der anderen Seite führen.

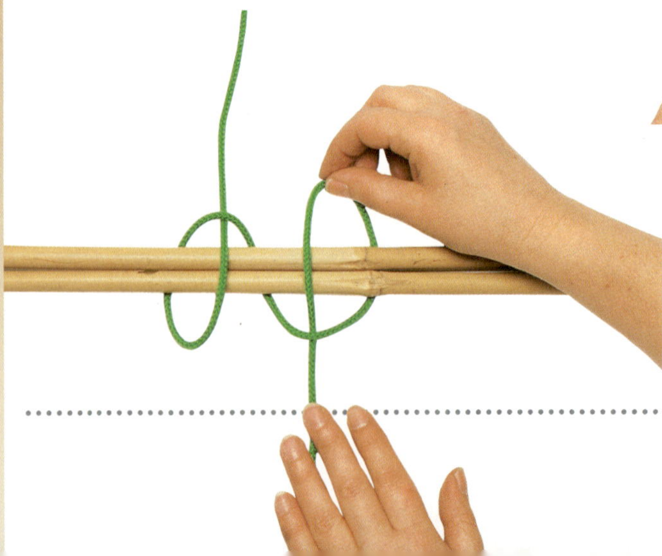

3 Das andere Ende über die Gegenstände und durch die andere Bucht führen.

4 Beide Enden so zusammenziehen, dass sie die Gegenstände fest umschließen.

5 Mit beiden Enden einen Überhandknoten machen (hier links über rechts).

6 Einen zweiten Überhandknoten (hier rechts über links) machen, um den Kreuzknoten zu vollenden. Mit einer zweiten Leine diese Schritte auf der anderen Seite der Gegenstände wiederholen.

PLANKENSTEK

Eine Variante der Stangenlaschings, aber mit dickeren Leinen für einen stärkeren Halt gemacht.

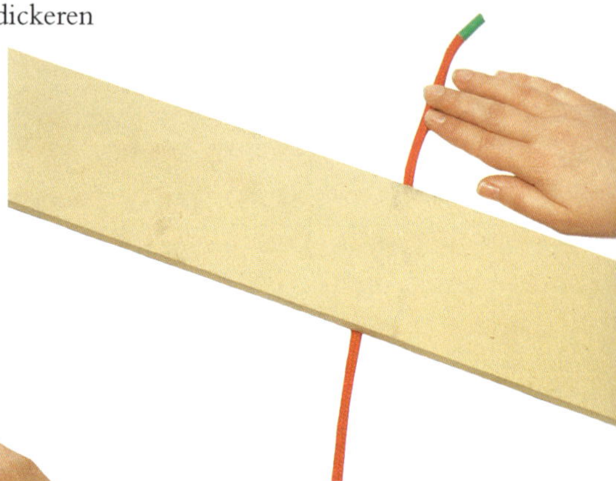

1 Eine Ende der Leine hinter die Planke führen.

2 Hinter der Planke Buchten so legen, dass sie ein S bilden.

3 Ein Ende nach vorne über die Planke bringen und es in die gegenüberliegende Bucht stecken.

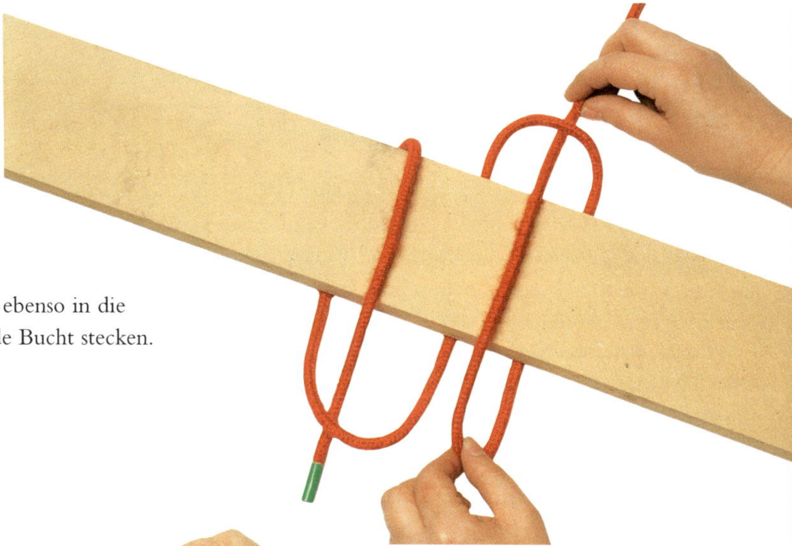

4 Das andere Ende ebenso in die gegenüberliegende Bucht stecken.

5 Richte und ziehe die Schlinge so, dass die Spitzen der Buchten knapp über der Kante der Planke zu liegen kommen.

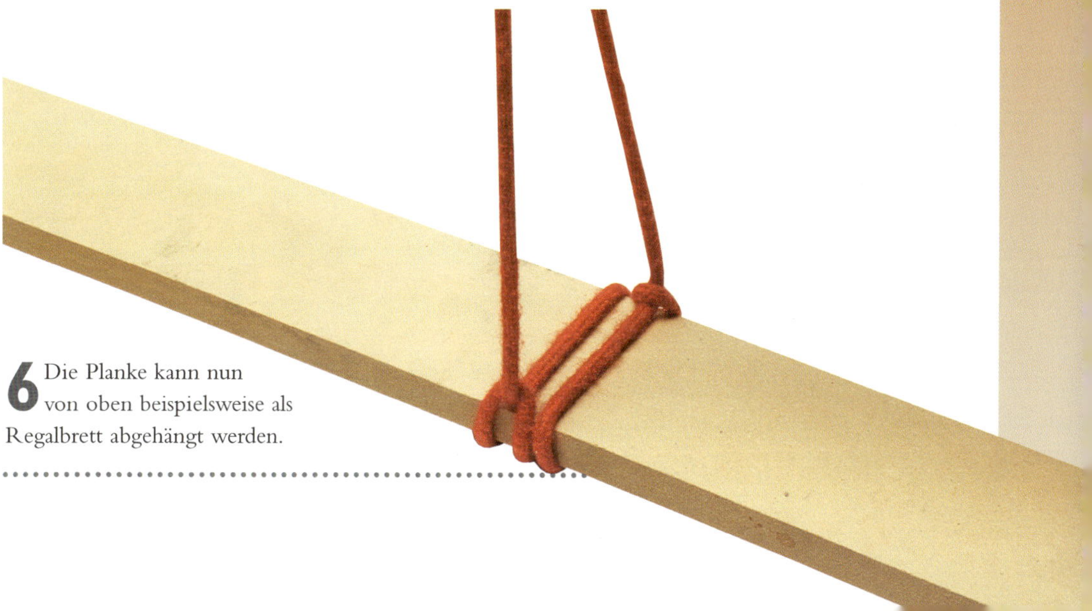

6 Die Planke kann nun von oben beispielsweise als Regalbrett abgehängt werden.

WÜRGESTEK

Dieser Knoten ist wohl der beste Bindeknoten. Er kann am Ende verknotet oder in eine Bucht gelegt werden und ist nur schwierig zu lösen. Um den Knoten zu entfernen, ohne den Untergrund zu beschädigen, schneidet man vorsichtig die oben liegende Diagonale mit einem scharfen Messer durch. Clifford Ashley schlägt vor, mit diesem Knoten einen Korken am Flaschenhals, einen Besenstiel zum Abnehmen und die Zündschnur in einem Stück Dynamit zu befestigen. Kurzum: Für den Würgestek gibt es 1001 Verwendungsmöglichkeiten. Mit einer hart geschlagenen Leine werden weiche Gegenstände, z.B. Seile, und mit einer weich geschlagenen härtere Gegenstände gebunden.

WÜRGESTEK, GELEGT

Diese Art einen Würgeknoten zu legen ist sehr nützlich, wenn es gilt, eine Grundleine oder ein anderen Gegenstand zu verbinden – wie z.B. das Ende eines Besenstiels.

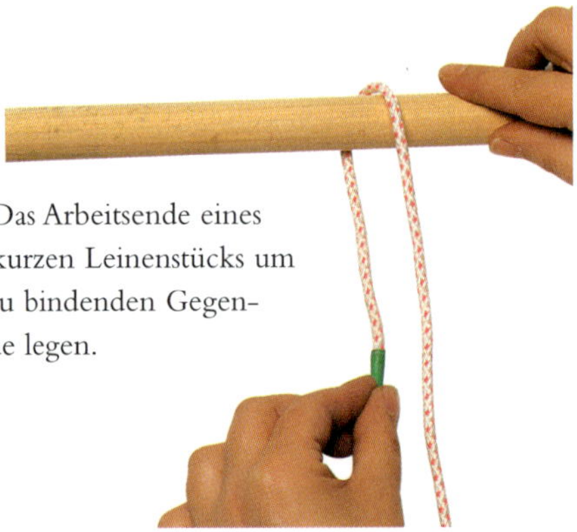

1 Das Arbeitsende eines kurzen Leinenstücks um die zu bindenden Gegenstände legen.

2 Das Arbeitsende nach vorn für einen kompletten Törn führen.

3 Im gelegten Törn im unteren Part eine recht lange Bucht legen.

4 Die Bucht anheben und halb verdrehen.

5 Die Bucht über das Ende des Gegenstandes schieben.

6 Die beiden Enden so fest wie möglich, also so fest, wie das Bindematerial es zulässt, ziehen. Die Enden kurz abschneiden.

WÜRGESTEK, GESTECKT

Sinnvoll ist dieser Würgestek am Ende des Gegenstands – beispielsweise am Ende eines Besenstiels.

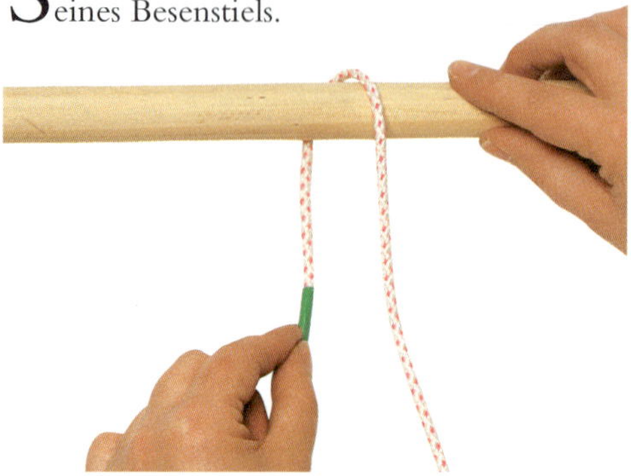

1 Das Arbeitsende eines kurzen Leinen- oder Garnstücks um die zu bindenden Gegenstände legen.

2 Das Arbeitsende zu einem kompletten Törn führen.

3 Das Arbeitsende um den Gegenstand herum nach vorn führen.

4 Das Arbeitsende unter die Diagonale stecken und einen Webeleinstek vollenden.

5 Die linke oben stehende Part etwas aus dem Knoten herauslösen.

6 Das Arbeitsende über und von links nach rechts durch die gelöste Bucht ziehen.

7 Den Knoten an beiden Enden so fest wie möglich in die entgegengesetzte Richtung ziehen. Die Enden von sehr dünnem Material können über zwei Hölzer gewickelt werden. Wichtig ist, richtig festen Zug ausüben zu können.

8 Die Enden nahe am Knoten abschneiden.

BOA-KNOTEN

Ein sowohl praktischer wie auch dekorativer Knoten, ebenso einfach wie rasch zu knüpfen.

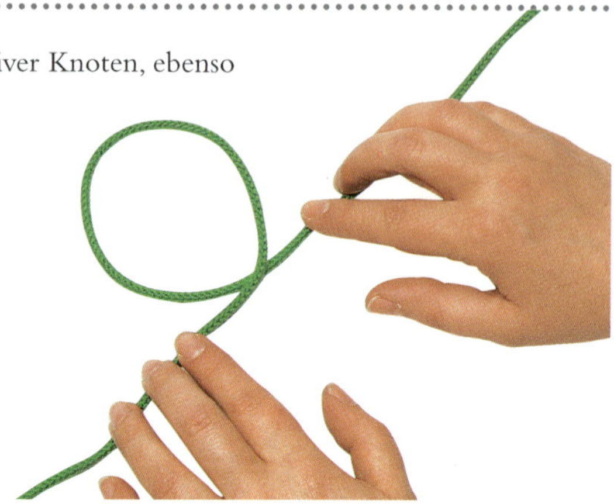

1 Ein Überhandauge in die ausgewählte Leine legen.

2 Ein zweites gleiches Auge auf das erste legen.

3 Die Augen wie bei einem Bunsch zusammenlegen, die beiden Enden zeigen in die gleiche Richtung. Drei Parten liegen unter beiden Daumen.

4 Die drei Parten der rechten Hälfte um 180° nach oben verdrehen. (Achtung, die entstehende Acht hat drei Parten um jedes Auge und in der Mitte kreuzen sich oben drei mit unten zwei Parten.)

5 Das Ende des Gegenstands, wie Stange, Seil oder anderes Objekt, in die linken Augen des Bunsches einführen.

6 Den Gegenstand weiterschieben über die kreuzenden Parten in das andere Auge, bis der Knoten ganz um den Gegenstand liegt.

7 Den Knoten in Form bringen und ihn an den Enden festziehen.

DOPPELTER ACHTERKNOTEN-STEK

Eine Alternative zu Boa- und Würgestek-Knoten und darüber hinaus mit einer einfach zu erinnernden Form.

1 Mit einem Ende einer Leine ein Überhandauge im Uhrzeigersinn legen.

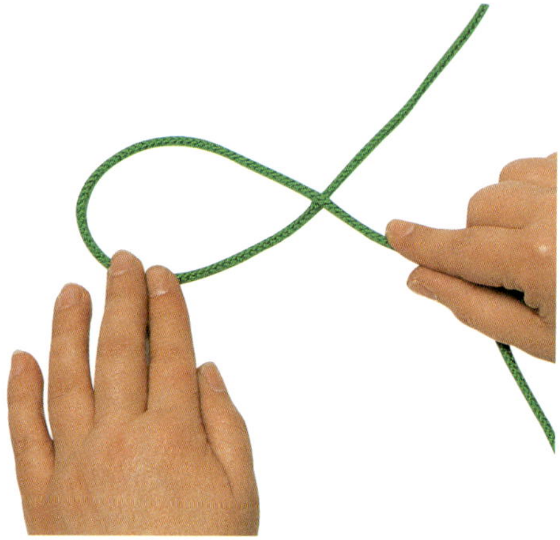

2 Für eine Acht ein zweites Überhandauge daneben legen.

3 Das erste Überhandauge mit einem zweiten doppeln.

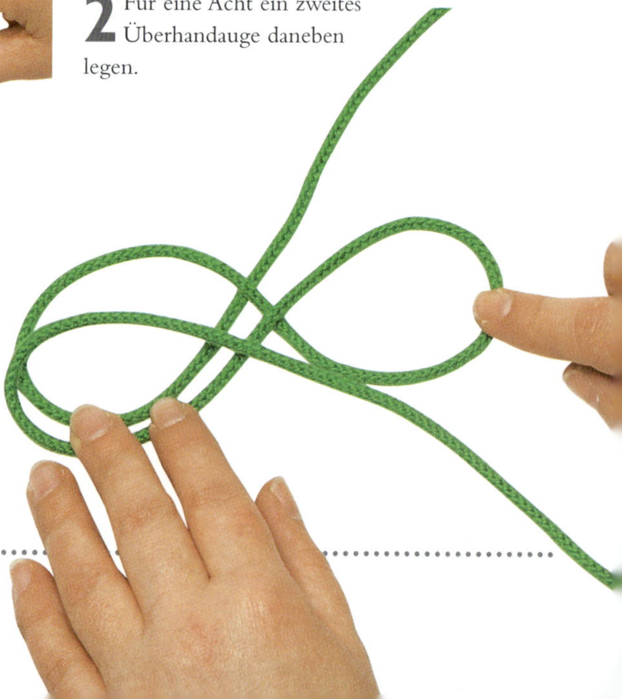

4 Eine zweites Überhandauge auf das erste rechte legen.

5 Die linken Parten wie gezeigt über den Gegenstand führen.

6 Die rechten Parten wie gezeigt über den Gegenstand führen.

7 Den Knoten auf dem Gegenstand in die gewünschte Position rücken und an beiden Enden fest zusammenziehen.

TÜRKISCHER BUND

5-MAL GESTECKT, 4 BUCHTEN

Der Türkische Bund ist ein röhrenförmiger Knoten, meist um einen zylindrischen Gegenstand geflochten. Obgleich der Knoten vielseitig praktisch nutzbar ist, wird er aufgrund seiner attraktiven Erscheinung meist nur zur Dekoration verwendet. Besonders hübsch wirkt er in Naturfaser-Tauwerk als Schlüsselanhänger oder als Zierde eines schmucken Gegenstands. Der Türkische Bund hat geflochtene Stränge und bogenförmige Buchten. Seine Kurzschrift lautet sozusagen: 2-mal gesteckt, 3 Buchten; 3-mal gesteckt, 4 Buchten. Diese Variante des Türkischen Bundes wird zunächst an der Hand und dann erst am Gegenstand angelegt.

1 Die Länge einer Leine mitteln und das Arbeitsende von vorn über den gewählten Kern legen und dabei vorn die diagonale Part kreuzen.

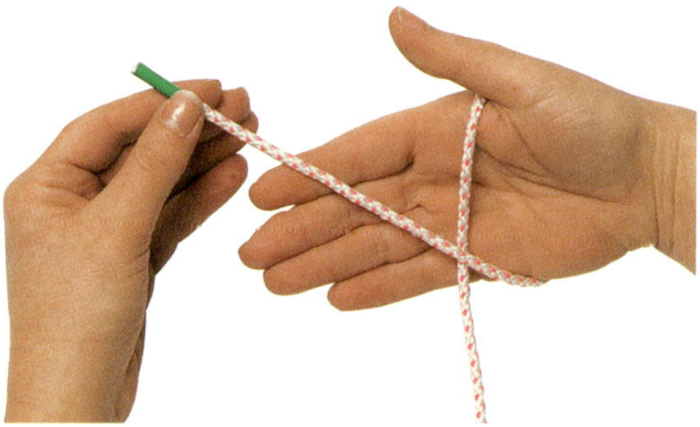

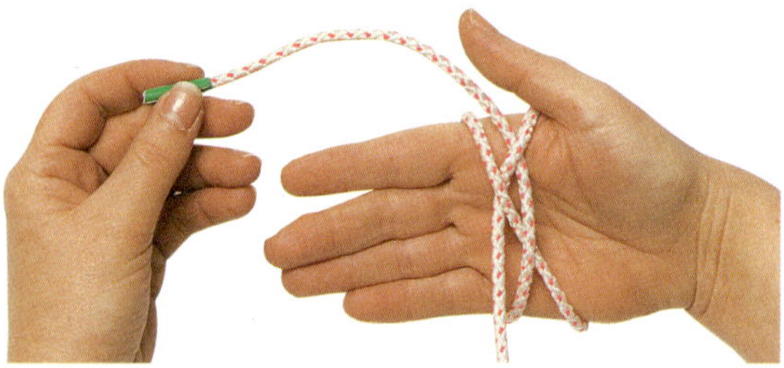

2 Das Ende wieder um den Kern legen und von rechts aus der stehenden Part herauskommen. Dann von rechts nach links über-unter nach oben führen.

3 Das Arbeitsende erneut um den Kern und wieder rechts neben die stehende Part führen. Dann von links nach rechts unter-über stecken.

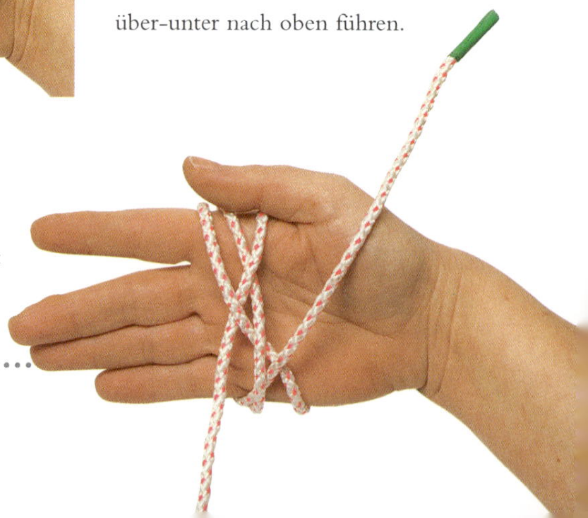

4 Die Arbeit so drehen, dass die Rückseite vorne liegt. Das Ende von rechts nach links über-unter durchstecken.

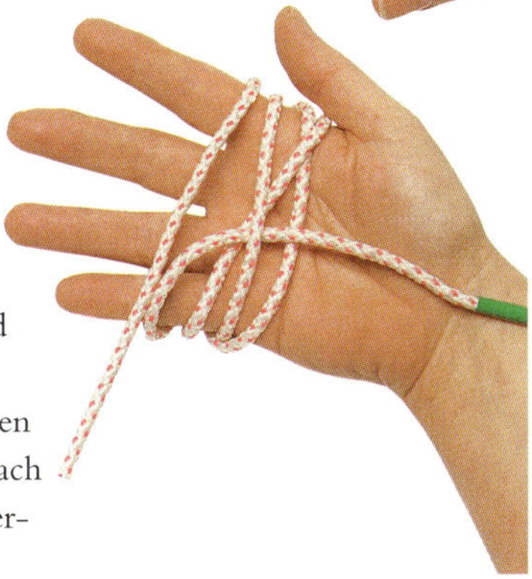

5 Die Arbeit in die Ausgangsposition zurücklegen und das Ende rechts von der stehenden Part von links nach rechts über-unter-über führen.

6 Die Arbeit wieder drehen und das Arbeitsende von rechts nach links unter-über-unter-über stecken.

7 Das Ende parallel zur stehenden Part stecken und so den Knoten beenden. Ganz nach Belieben kann der Knoten mit der verbleibenden Leine verdoppelt oder verdreifacht werden.

8 Den Knoten über den Gegenstand schieben, in Form arbeiten und dichtziehen. Nur Geduld, dies kann dauern.

Knoten zum Festmachen

Eine Leine wird an Gegenständen wie einem Pfahl, einem Haken, einem Ring, einer Querstange oder an einer anderen Leine mit einem Knoten festgemacht. Einige Knoten sind dann am sichersten, wenn sie im rechten Winkel zu ihrem Angriffspunkt, z. B. einer Querstange, stehen. Andere halten auch bei seitlichem Zug wie in Takelagen, an Masten und an Kabeln.

EIN HALBER SCHLAG

Obwohl nicht zuverlässig, dient dieser Knoten doch sehr häufig zum Befestigen. Der Knoten wird zur Verstärkung und Vervollständigung anderer Knoten verwendet, da er selbst keine Zugbelastung aushält.

1 Um einen festen Gegenstand wie einen Ring oder einen Besenstiel einen Überhandknoten legen.

Ist das lose Ende etwas länger, kann es als Bucht durch das Auge gesteckt werden, um den Knoten auf Slipp zu setzen (halber Schlag auf Slipp).

ZWEI HALBE SCHLÄGE

Zwei halbe Schläge sind eine weitaus zuverlässigere Art, eine Leine zu befestigen.

1 Um einen festen Gegenstand, z.B. einen Ring oder einen Besenstiel, einen Überhandknoten legen.

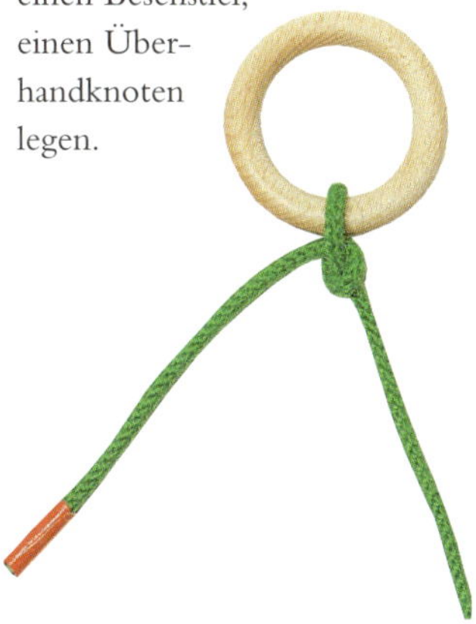

2 Ein Auge machen.

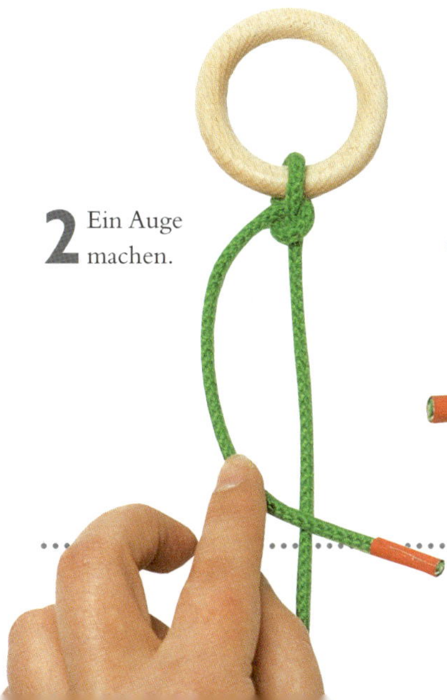

3 Einen zweiten, identischen halben Schlag machen – das Arbeitsende muss um die stehende Part in die gleiche Richtung wie zuvor gelegt werden.

4 Die beiden Schläge dicht nebeneinander ziehen.

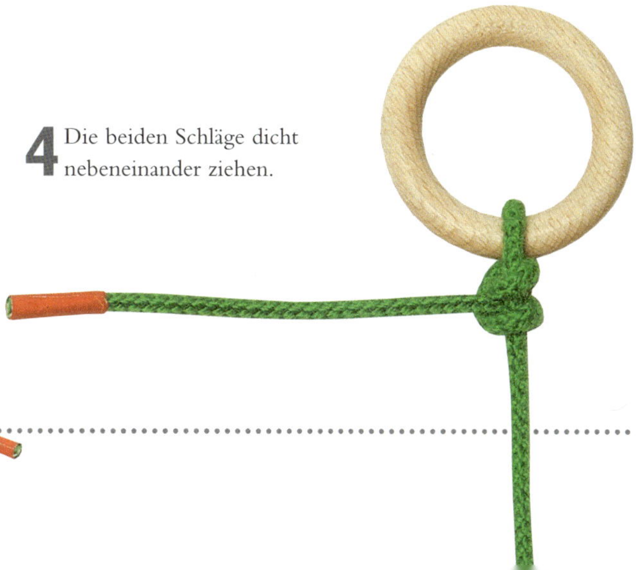

EINEINHALB RUNDTÖRNS MIT ZWEI HALBEN SCHLÄGEN

Ein nützlicher Knoten zum Befestigen von Wäscheleinen, zum Festmachen von Booten und sogar zum Abschleppen eines Autos. Er kann große Belastungen aushalten und ist dennoch einfach zu lösen.

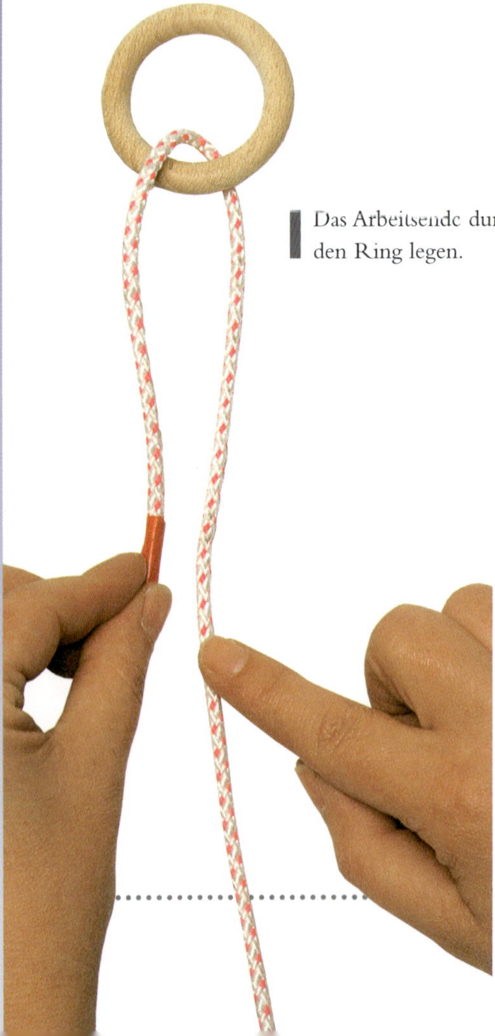

1 Das Arbeitsende durch den Ring legen.

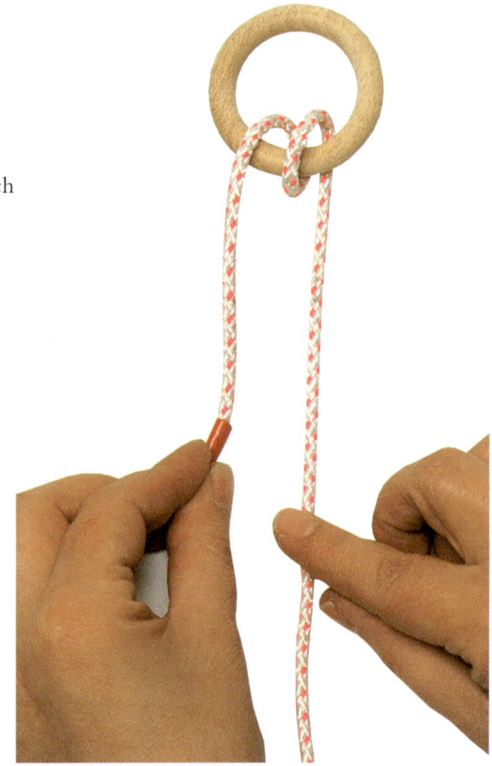

2 Das Arbeitsende ein zweites Mal durchführen und einen Törn legen.

3 Das Arbeitsende über die stehende Part legen, dann dahinter und durch den Knoten führen und einen halben Schlag machen.

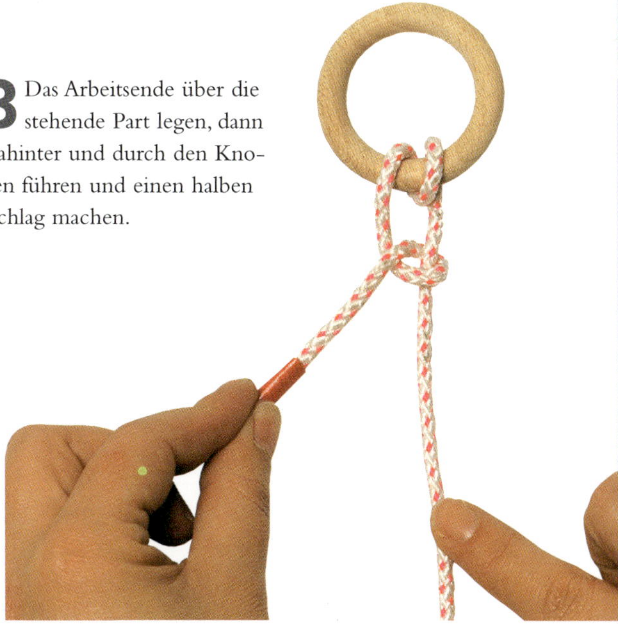

4 Einen identischen halben Schlag machen.

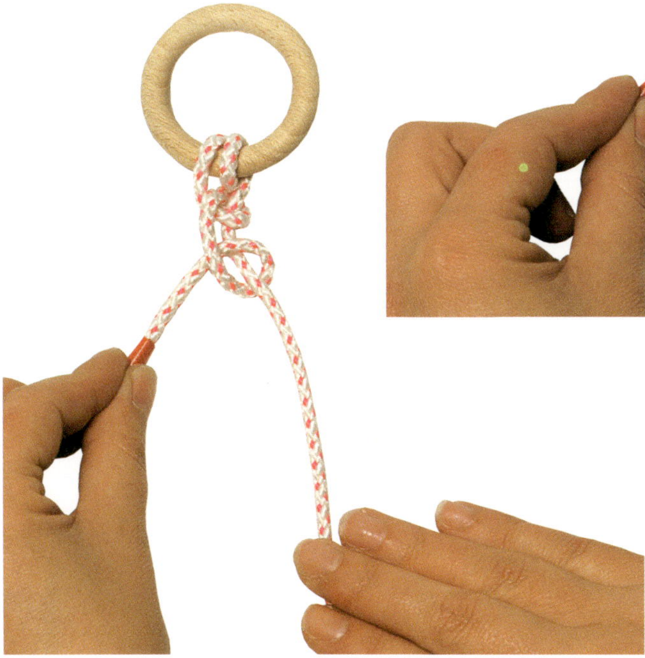

5 An beiden Parten den Knoten dichtziehen.

Wird bei Schritt 2 ein weiterer Törn gelegt, was zwei Törns und zwei halbe Schläge ergibt, erhält man einen großartigen Knoten, um eine Schaukel mithilfe eines Seils an einem dicken Ast zu befestigen.

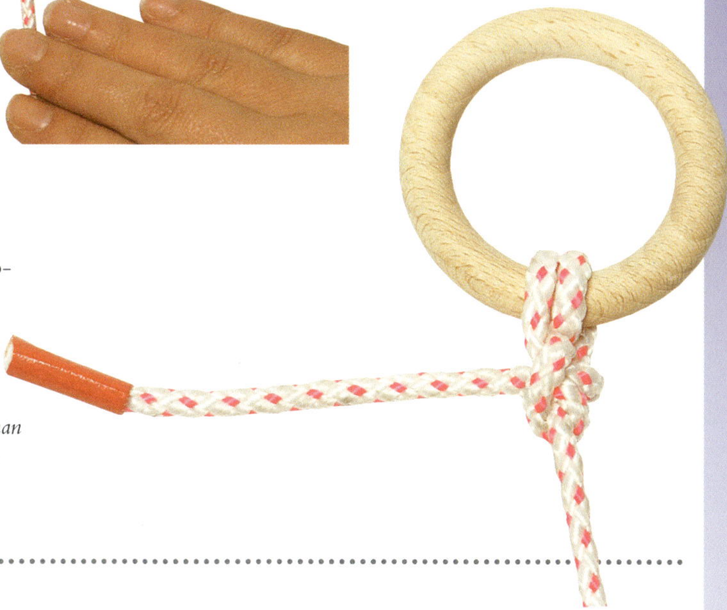

SLIPPSTEK MIT HALBEM SCHLAG

Der Knoten ist oft Anfang einer Paketverschnürung und wird in der Küche zum Zusammenbinden von entbeinten sowie gerollten Fleischstücken verwendet.

1 Einen Überhandknoten mit einer großen Zugschleife machen. Die Zugschleife auf die gewünschte Größe bringen.

2 Mit dem Arbeitsende einen halben Schlag um die stehende Part machen.

3 Den Knoten an beiden Seiten der Bucht festziehen.

KREUZUNGSKNOTEN

Möglicherweise der simpelste und unsicherste aller Knoten und dennoch ein nützlicher: Er dient zum Kreuzen von Paketschüren und als Anfang für den Geschirrstek. Ein Gelände lässt sich so rasch mit einer Leine absperren, wobei die Spannung im Seil erhalten werden muss.

1 Eine Leine mit einer zweiten Leine so kreuzen, dass sie im rechten Winkel zueinander liegen.

2 Das Arbeitsende der einen Leine um die andere schlagen.

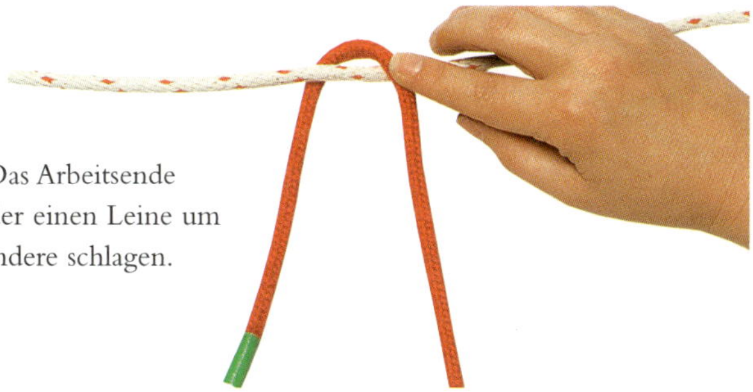

3 Das Arbeitsende vor die eigene stehende Part legen.

4 Das Ende unter der anderen Leine hindurchführen.

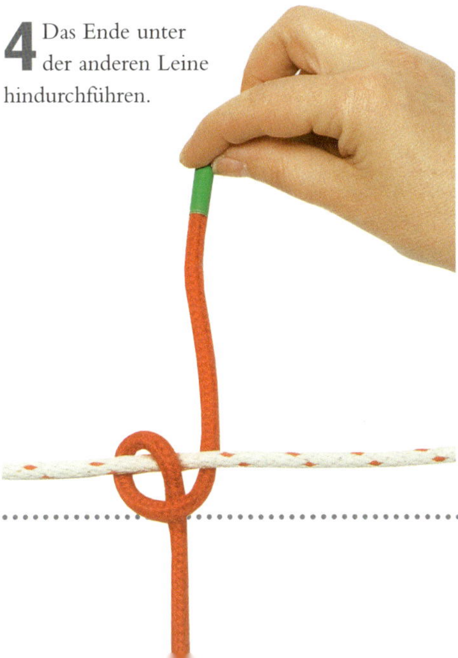

OSSELSCHLINGE

Ossel ist das schottische Wort für Wandnetz (am anderen Ende von Großbritannien, in Cornwall, heißt es Orsel). Ein einfacher und dennoch sehr sicherer Knoten.

1 Das Arbeitsende von vorn über die Grundleine oder den Gegenstand legen.

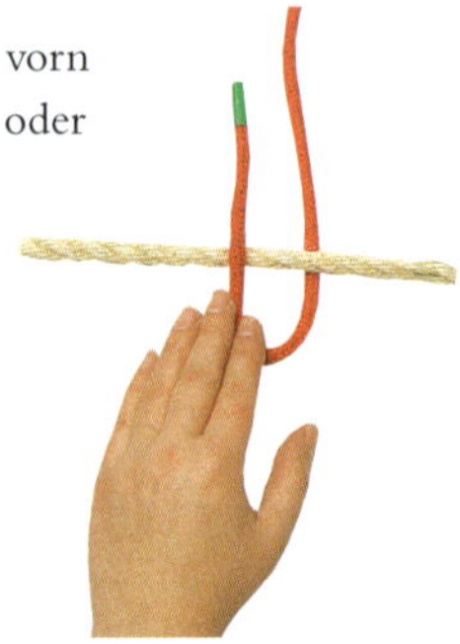

2 Das lose Ende hinter der stehenden Part durchführen.

3 Vor dem Gegenstand das Ende herunter- und dahinter wieder nach oben legen.

4 Das Arbeitsende über die Part des ersten Knotens und unter dem zweiten hindurchführen.

SCHAFSKNOTEN

Der Schafsknoten dient dazu, eine Leine zu verkürzen, ohne sie zu schneiden. Er kann auch die Kraft der beiden äußeren Parten leiten, um so eine schadhafte Stelle im Zentrum des Knotens zu überbrücken.

1 Drei Augen auf einer Linie in eine Richtung legen.

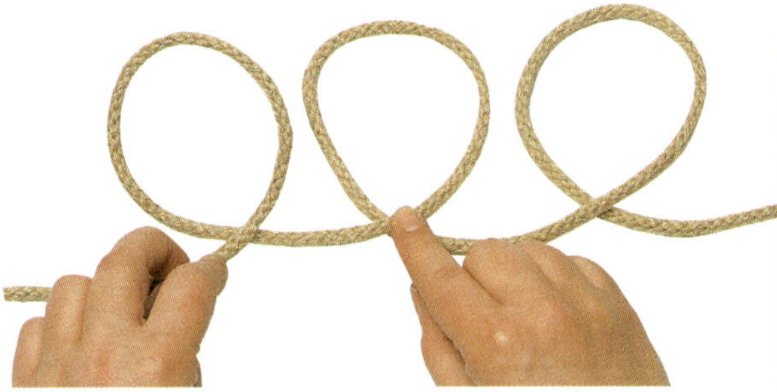

2 Die rechte und linke Part des mittleren Auges fassen und hinten durch das rechte bzw. vorne durch das linke Auge ziehen.

3 An den so entstandenen Augen und dann an den stehenden Parten ziehen.

ACHTUNG

Ein Schafsknoten hält nur, wenn die Kraft auf die stehenden Parten geht.

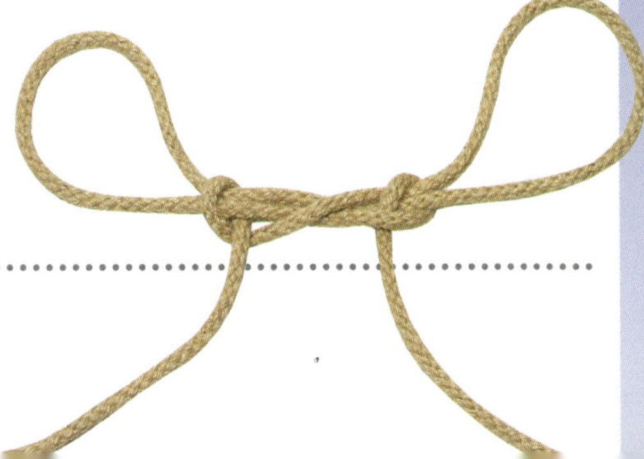

OSSELKNOTEN

Eine sichere Variante der Osselschlinge.

1 Das Arbeitsende von vorne um die Grundleine legen.

2 Mit dem losen Ende die stehende Part kreuzen und das Ende noch einmal über die Grundleine legen.

3 Das Arbeitsende neben dem ersten Törn nach vorn bringen und einen zweiten diagonalen Törn um die Grundleine legen.

4 Ohne die stehende Part zu kreuzen einen weiteren Törn machen.

5 Die stehende Part zu einer Bucht herausziehen, dort, wo sie an der Grundleine läuft.

6 Das Arbeitsende von vorn nach hinten durch die Bucht stecken.

7 Das lose Ende an den stehenden Parten mit dem Knoten dichtziehen.

PEDIGREE-KUHSTEK

Nimmt nur eine stehende Part den Zug auf wie beim Ringstek (siehe Seite 140), sollte der Pedigree-Kuhstek bevorzugt werden. Er ist nützlich, um Geräte im Gartenhaus oder in der Garage aufzuhängen.

1 Um den Befestigungspunkt das Arbeitsende von vorn nach hinten führen.

2 Das Arbeitsende vorn über seine eigene stehende Part führen.

3 Das Ende noch einmal von hinten nach vorn um den Befestigungspunkt führen.

4 Das Ende in die Bucht stecken.

5 Nun das Arbeitsende durch die beiden Augen stecken und den Knoten festziehen.

RINGSTEK

Dieser Knoten besteht aus zwei halben Schlägen und ist der unsicherste von allen Befestigungsknoten. Früher wurde der Ringstek in Halteleinen für Tiere angebracht. Damit der Knoten seine Lage beibehält, muss auf beide stehende Parten gleicher Zug ausgeübt werden.

1 Die Leine doppeln und eine Bucht formen. Die Bucht von hinten nach vorn durch den Ring führen.

2 Die Bucht spreizen und über den Gegenstand führen.

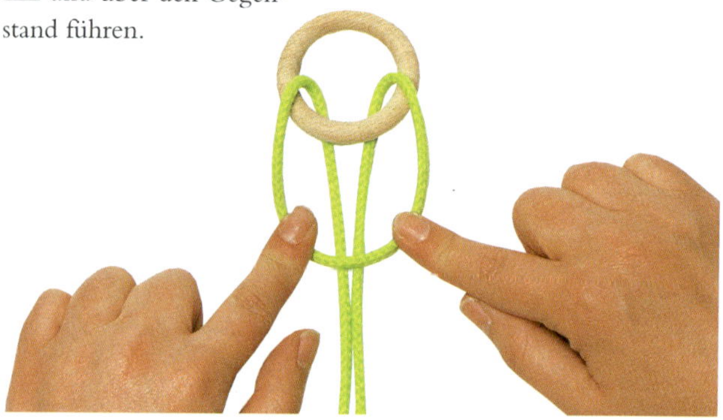

3 Die stehenden Parten nach vorn durch die Bucht ziehen und zusammenziehen.

RINGSTEK MIT QUERHOLZ

Bei dieser Variante kann nur die Bucht durch den Ring gezogen werden.

1 Die Leine doppeln und eine Bucht formen. Die Bucht von hinten nach vorn durch den Ring führen.

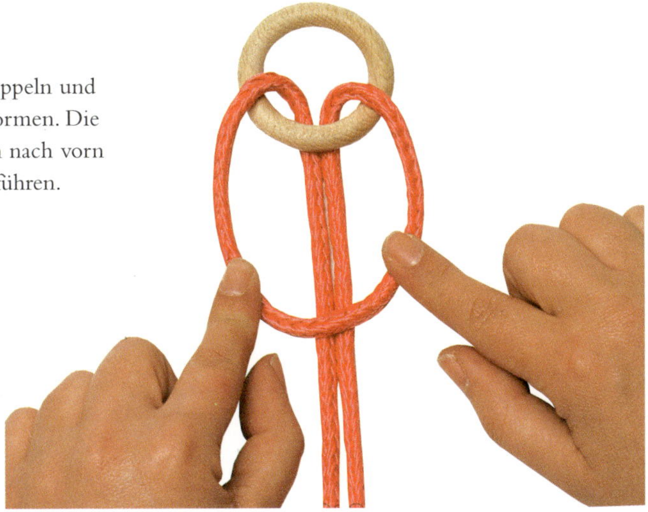

2 Die Bucht so spreizen, dass sie auf beiden Seiten über die stehenden Parte hinausragt.

3 Das Querholz über den Parten der Bucht und unter den stehenden Parten durchführen.

4 An den stehenden Parten den Knoten über dem Querholz festziehen.

TURLEKNOTEN

Major Turle aus Hampshire, England, machte diesen Knoten Mitte des 19. Jahrhunderts als Anglerknoten bekannt. Sehr nützlich zum Befestigen eines Bändsels an Gegenständen mit einem Loch. Am Bändsel kann dieser dann aufgehängt werden.

1 Das Arbeitsende durch das Loch des Gegenstands führen.

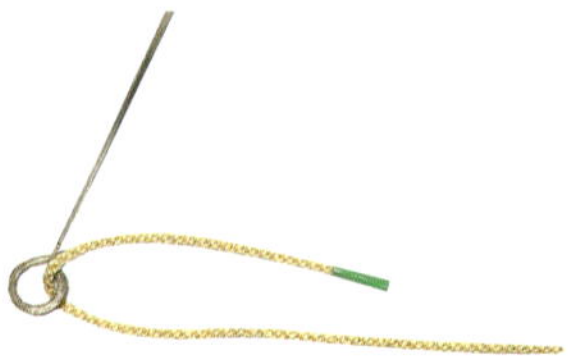

2 Das Ende über den Schaft oder Hals des Gegenstandes und über die stehende Part zu einem Auge führen.

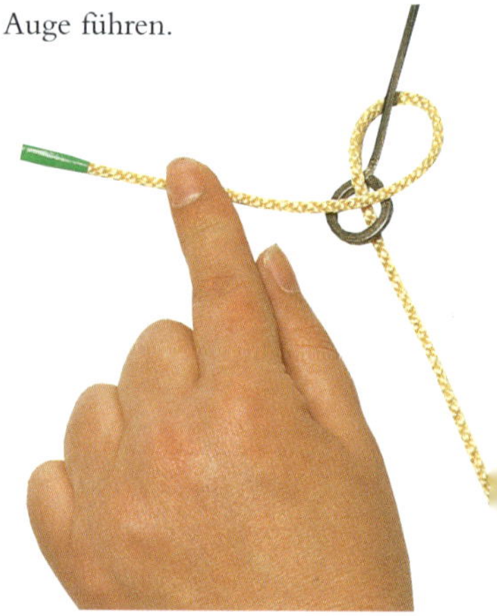

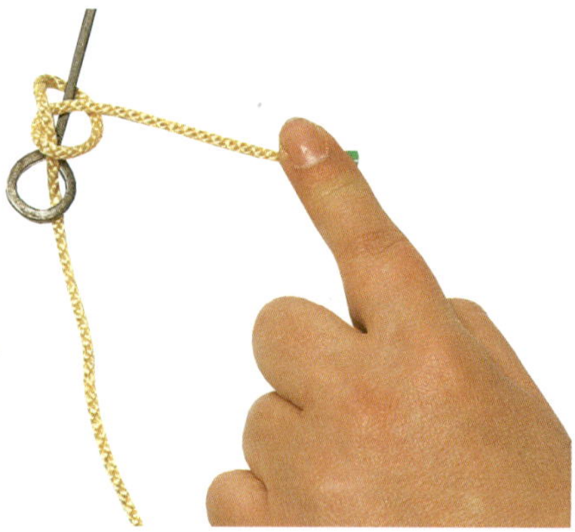

3 Das Arbeitsende durch das Auge zu einem halben Schlag führen.

4 Mit dem Arbeitsende einen Überhandknoten machen.

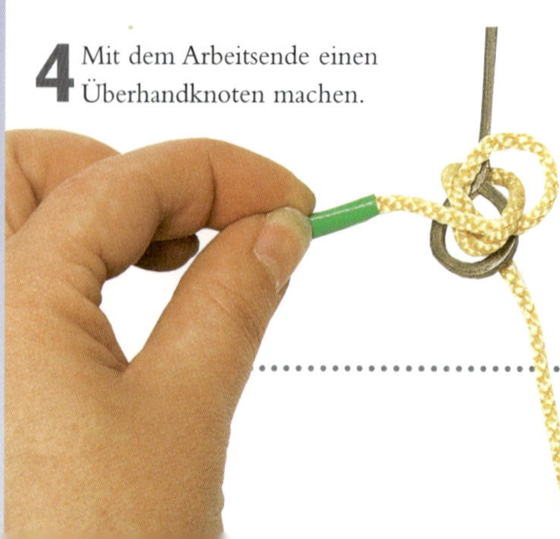

PALOMARKNOTEN

Ein sehr starker Knoten, der von Fischern für Leinen verwendet wird, die großem Zug ausgesetzt werden.

1 Das Ende einer Leine doppeln und eine Bucht formen. Die Bucht von hinten nach vorn durch den Ring führen.

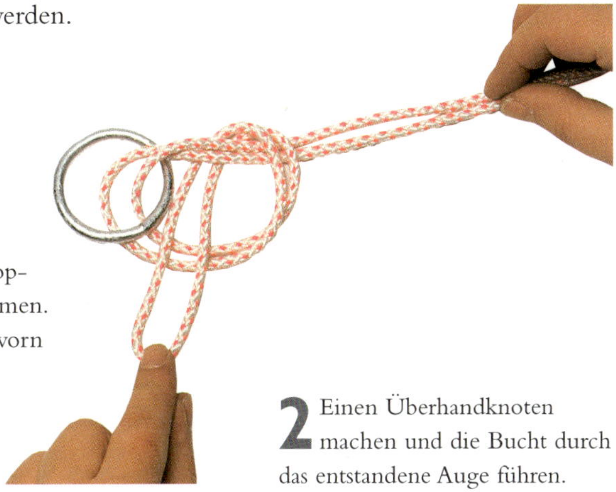

2 Einen Überhandknoten machen und die Bucht durch das entstandene Auge führen.

3 Den Ring durch die Bucht holen.

4 Die Bucht über den ganzen Knoten zurückklappen.

JANSIK-SPEZIALKNOTEN

Ein weiterer sehr starker Knoten. Die doppelten Törns durch den Ring geben ihm Kraft, während die dreifachen Windungen ihm Sicherheit verleihen. Angler bringen den Knoten in ihrer Nylonleine an, doch zum Üben ist ein dickeres Material besser geeignet.

1 Mit dem Arbeitsende von hinten nach vorn durch den Ring ein Unterhandauge legen.

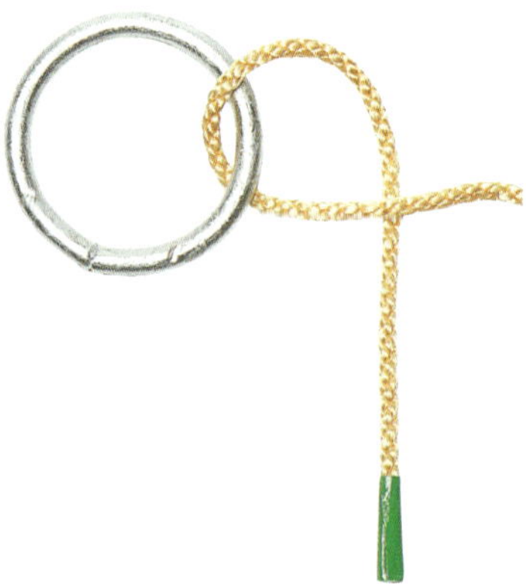

2 Das Ende für einen Rundtörn ein zweites Mal durch den Ring legen.

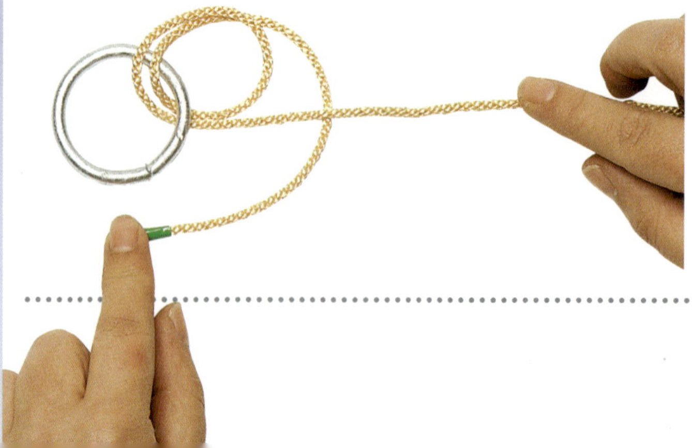

3 Das Ende unter die stehende Part legen.

4 Das Arbeitsende über die beiden Törns legen und einen weiteren Törn machen.

5 Das Ende durch das Auge stecken, den Törn vollenden und einen weiteren Törn vom Ring weg machen.

6 Drei oder vier weitere Törns machen, bevor der Knoten zusammengezogen wird.

PRUSIK-KNOTEN

Dr. Karl Prusik entwickelte diesen Knoten, um gerissene Saiten von Musikinstrumenten zu reparieren, was dem Knoten seinen Namen gab. Ein einfacher, von Bergsteigern häufig benutzter Knoten, mit dem sich eine Leine an einem Seil festmachen lässt. Unter abwärts gerichtetem Zug blockiert der Knoten, bei seitwärts gerichtetem Zug lockert er sich und kann verschoben werden. Dies ist bei allen Gleit- und Greifknoten der Fall.

ACHTUNG

Aus Sicherheitsaspekten sollte der Knoten immer in eine dünnere Leine als das Seil, an das diese befestigt wird, gemacht werden. In nassem oder vereistem Zustand kann der Knoten verrutschen.

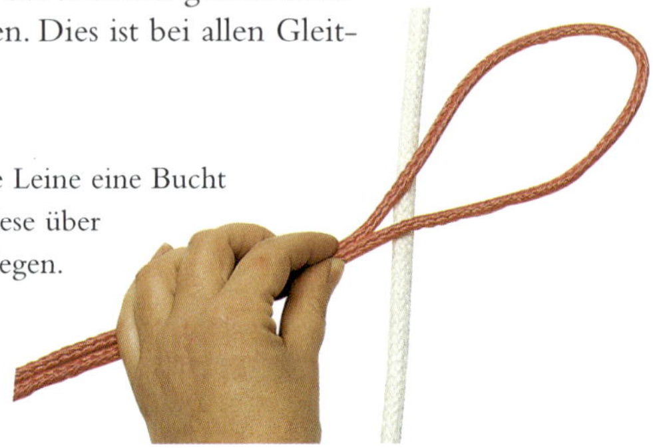

1 In die dünne Leine eine Bucht legen und diese über die Kletterleine legen.

2 Die Bucht um die Kletterleine herumführen.

3 Die stehenden Parten durch die Schlinge der dünnen Leine führen.

4 Die erste Bucht noch einmal um die Leine legen.

5 Dann die Bucht ganz um die Kletterleine legen.

6 Die stehenden Parten durch die gewickelte Bucht führen.

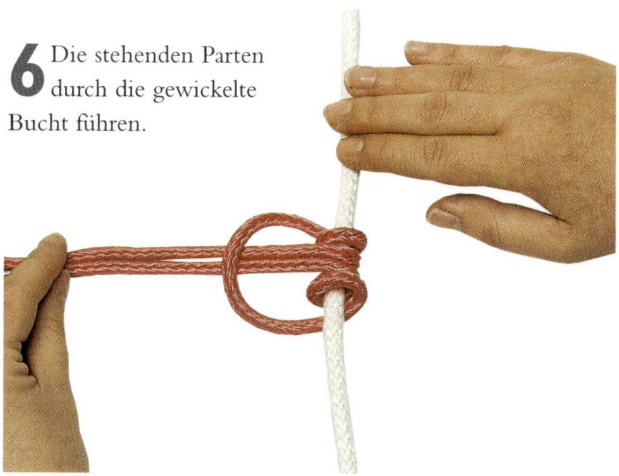

7 Den Knoten festziehen.

Zum Verstärken der Kraft kann ein weiterer Törn gemacht werden.

KLEMHEIST-KNOTEN

Dieser Knoten ist eine Variante des Prusik-Knotens. Die zweite Leine muss mindestens den halben Durchmesser der ersten haben. Der Knoten wird bei diagonal nach unten gerichtetem Zug eingesetzt – z.B. ein Fuß in einer Schlaufe beim Aufstieg.

ACHTUNG

Den Knoten auf jeden Fall auf Sicherheit überprüfen. Der Knoten ist in nassem oder eisigem Zustand unsicher.

1 Eine Bucht in den Stropp und diese hinter die Kletterleine legen.

2 Die Bucht aufwärts um die Kletterleine winden (als würde sie die Leine hinaufklettern).

3 Weitere Törns um die Leine legen und drauf achten, dass die Parten des Stropps parallel liegen.

4 Vier bis fünf Törns um die Kletterleine machen.

5 Die Törns gut nebeneinanderlegen und die Bucht an das unten befindliche Ende des Stropps bringen.

6 Den stehenden Teil des Stropps durch die Arbeitsbucht ziehen. Um den Knoten dichtzuziehen, die Schlaufe nach unten ziehen.

RÄUBERSTEK

Dieser Knoten wirkt scheinbar sehr kompliziert, es handelt sich um eine Kompliziertheit, die mit einem kurzen Ruck am losen Ende vergangen ist. Straßenräuber haben diesen Knoten vermutlich genutzt, um ihre Pferde vor einer raschen Flucht anzubinden.

1 In das Ende einer Leine eine Bucht machen und hinter die Spiere legen.

2 In die stehende Part vor der Spiere gegengleich zur ersten eine Bucht machen.

3 Die zweite Bucht von vorn nach hinten durch die erste führen.

4 Das Ganze am Arbeitsende festziehen.

5 Eine weitere Bucht in das Arbeitsende machen (im Ganzen sind es drei Buchten).

6 Die dritte Bucht von vorn in die zweite Bucht führen und den Knoten an der stehenden Part festziehen.

Zum Lösen des Knotens am Arbeitsende kräftig ziehen.

HALFTERSTEK

Wie der Räuberstek dient dieser Knoten dazu, Tiere anzubinden.

1 Um den Befestigungspunkt das Arbeitsende so führen, dass es seine eigene stehende Part kreuzt und ein Auge bildet.

2 Das Ende hinter und um die eigene Part herumführen.

3 Eine Bucht in das Ende legen und dieses in das Auge führen.

4 Den Knoten dichtziehen und die Schlinge ausrichten.

5 Zur Sicherheit das Arbeitsende in die zuletzt gebildete Bucht stecken.

PFAHLSTEK

So einfach, wie er zu machen ist, ist er auch wieder zu lösen. Er ist ideal zum Befestigen von Pfosten oder Geländern, da das Auge auch über ein Ende gelegt werden kann.

1 Eine Bucht in eine Leine machen.

2 Die Bucht um einen Pfosten oder Pfahl legen.

3 Die Bucht vor den Pfahl oder Pfosten und unter die stehenden Parten führen.

4 Die Bucht über das Ende des Pfahls oder Pfostens führen.

Beide Parten der Leine können in verschiedene Richtungen gezogen werden.

DOPPELTER PFAHLSTEK

Diese doppelte Variante hält Zug auf eine oder beide Parten.

1 Eine Bucht in eine Leine machen

2 Die Bucht um einen Pfosten oder Pfahl legen.

3 Die Bucht vor den Pfahl oder Pfosten und unter die stehenden Parten führen.

4 Die Bucht ein weiteres Mal um den Pfosten oder Pfahl führen.

5 Die Bucht über das Ende des Pfahls oder Pfostens führen.

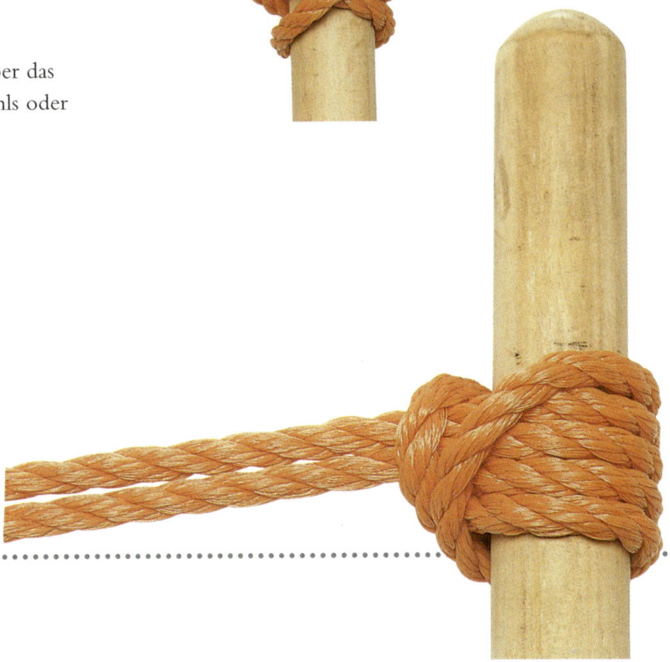

ROHRINGSTEK

(AUCH FISCHERSTEK GENANNT)

Der Rohringstek ist dem Rundtörn mit zwei halben Schlägen ähnlich. Mit dünnen, glatten oder nassen Leinen ausgeführt, ist er sogar noch sicherer.

1 Ein langes Arbeitsende belassen und die Leine mit einem Rundtörn durch den Ring führen.

2 Das Ende unten hinter die stehende Part führen.

3 Das Ende mit einem halben Schlag um die stehende Part schlagen.

4 Den halben Schlag gut festziehen.

5 Den Knoten am Arbeitsende und der stehenden Part festziehen.

Für einen nicht dauerhaften Knoten, wird das Arbeitsende an der stehenden Part mit Klebstoff befestigt oder festgeknotet.

STOPPERSTEK

(AUCH ROLLSTEK UND FRÜHER ALS MAGNER'S-STEK ODER MAGNUS-STEK BEKANNT)

Von Bergsteigern und Seeleuten wird dieser praktische Knoten zur Befestigung einer dünnen Leine an einem stärkeren Seil unter Zug genutzt. Steht die dünne Leine senkrecht zur dickeren, gleitet der Knoten. Stehen die stehende Part und das Arbeitsende der dünneren Leine jedoch unter Zug, wird der Knoten festgezogen.

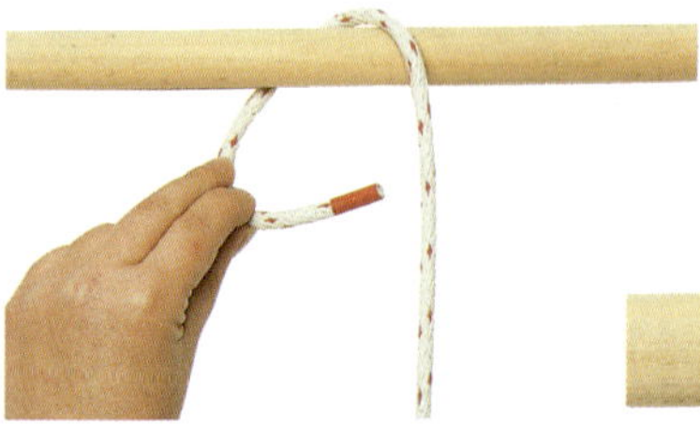

1 Das Arbeitsende für einen Rundtörn von vorn nach hinten um die Spiere legen.

2 Mit dem Ende die stehende Part diagonal kreuzen.

3 Mit dem Ende einen halben Törn so um die Spiere schlagen, dass es zwischen der diagonalen und der festen Part herauskommt.

4 Einen zweiten diagonalen Törn schlagen und das Arbeitsende wiederum hinter die Spiere bringen.

5 Das Ende durch den zweiten diagonalen Törn stecken.

6 Den Knoten am Arbeitsende und der stehenden Part dichtziehen.

SPIERENSTEK

Ähnlich wie der Stopperstek, doch etwas attraktiver.

1 Die Leine diagonal über den Befestigungspunkt legen.

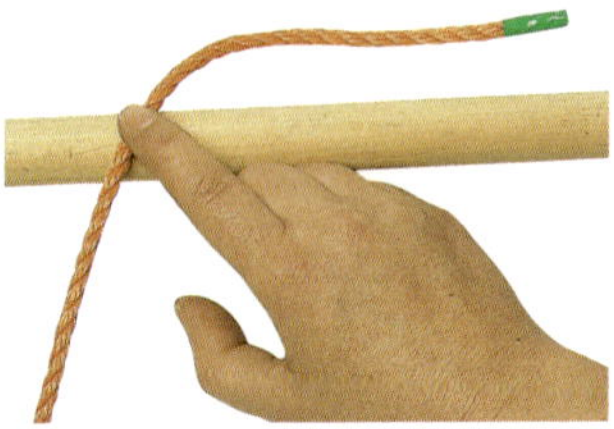

2 Einen Törn schlagen, dabei von rechts nach links das Arbeitsende nach oben führen.

3 Das lose Ende über die stehende Part nach hinten führen.

4 Das lose Ende diagonal von rechts nach links über den Befestigungspunkt legen.

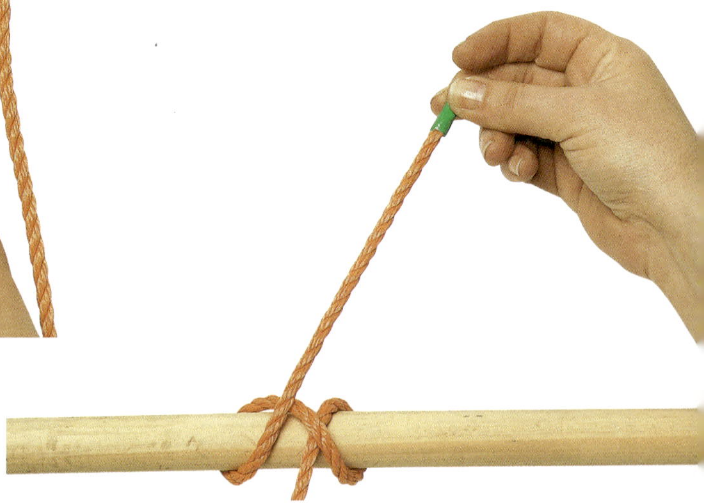

5 Das lose Ende zwischen die beiden verknoteten Parten legen.

6 Das Arbeitsende noch einmal von rechts nach links über den Befestigungspunkt führen.

7 Ein weiteres Mal das lose Ende um den Befestigungspunkt führen.

8 Das Arbeitsende diagonal von links nach rechts über den Befestigungspunkt, über sich selbst und unter der daneben liegenden Part hindurchführen.

9 An beiden Parten den Knoten festziehen und in Form legen.

ZIMMERMANNSSTEK

ABGEÄNDERT IN EINEN BALKENSTEG

Der Zimmermannsstek wurde von Holzarbeitern genutzt, um gefällte Bäume abzutransportieren, doch er dient auch zum Ziehen und Schleifen von anderen Gegenständen. Balkensteg wird der Knoten auch genannt, weil er aufzurichtende Flaggenmasten mit einem abschließenden halben Schlag hält.

1 Ein langes Arbeitsende belassend, die Leine von hinten um den zu ziehenden Gegenstand legen.

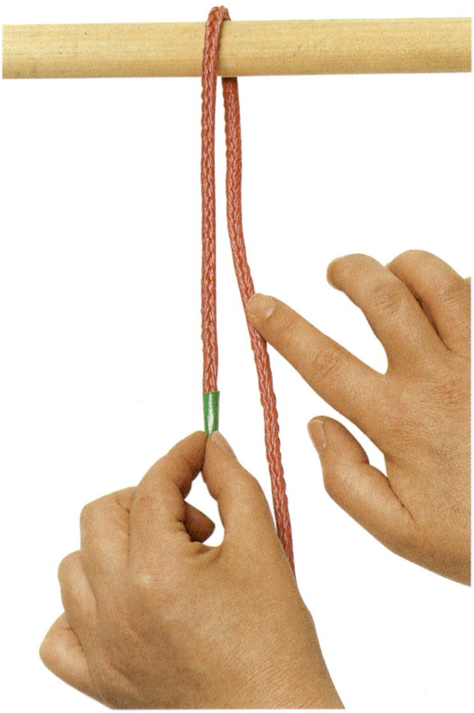

2 Das Arbeitsende um seine eigene stehende Part in ein kleines Auge legen.

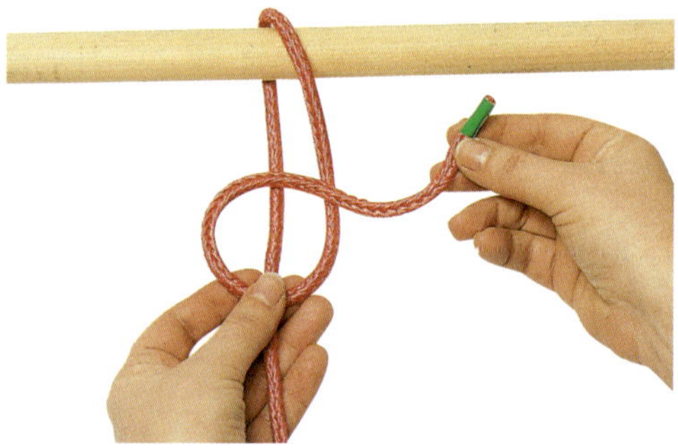

3 Das Ende unter die stehende Part des Auges führen.

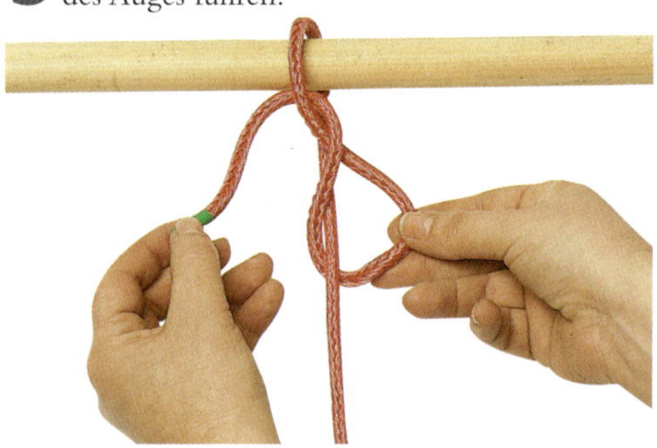

4 Das Arbeitsende erneut um seine eigene stehende Part legen.

5 Das Ende durch sich selbst und die stehende Part führen, wobei das neue geformte Auge an der stehenden Part zusammengezogen wird.

Dies ist der Basisknoten.

Um den Zimmermannsstek in einen Balkensteg zu verwandeln, wird ein halber Schlag am zu ziehenden Gegenstand ausgeführt.

Dieser zusätzliche halbe Schlag dient zur Stabilisierung und verhindert, dass der Gegenstand beim Ziehen hin und her schwingt.

VIBRATIONSSTEK

Der amerikanische Physiker Amory Bloch Lovins erfand diesen Knoten. Er dient bei Vibrationen dazu, die stehende Part dank den Windungen der Parten immer fester zu ziehen.

1 Das Arbeitsende am Befestigungspunkt von vorn nach hinten legen.

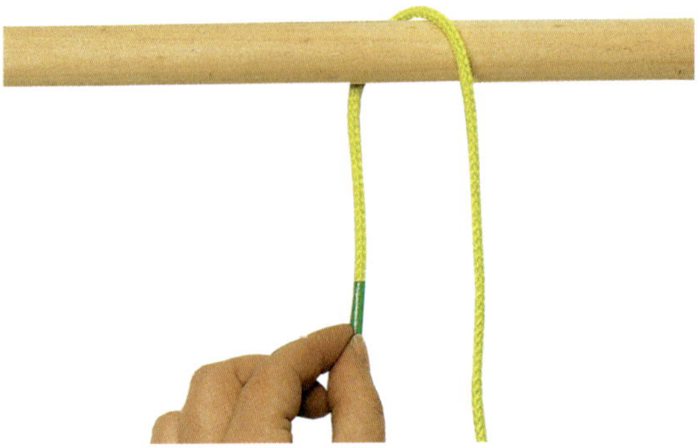

2 Einen Törn um die Spiere legen und das Arbeitsende unter seine eigene stehende Part halten.

3 Einen zweiten Törn legen und das lose Ende über die stehende Part halten.

4 Das Ende von links nach rechts unter dem ersten Törn und weiter über die stehende Part zurückführen.

5 Das Arbeitsende über die oben liegende Befestigung und unter der Diagonalen hindurchführen.

6 Den Knoten an den stehenden Parten festziehen.

TROMPETENSTEK

Der Trompetensteg ist wie der Schafsknoten hautpsächlich ein Seemannsknoten, wobei er für eine regelmäßige Gestalt etwas in Form gezogen werden muss.

1 Vier Augen auf einer Linie in eine Richtung legen.

2 Die rechte und linke Part der mittleren Augen fassen und hinten durch das rechte bzw. vorne durch das linke Auge ziehen.

3 An den so entstandenen Augen und dann an den stehenden Parten ziehen.

WEBELEINSTEK
(MIT DEM LOSEN ENDE GESTECKT)
(AUCH ALS HERINGSKNOTEN BEKANNT)

Der Knoten dient zum Vertäuen von Booten an einem Poller. Beim Zelten wird er zum Sichern der Zeltstangen eingesetzt – was ihm den Namen Heringsknoten gab.

1 Das Arbeitsende von vorn nach hinten über den Befestigungspunkt legen.

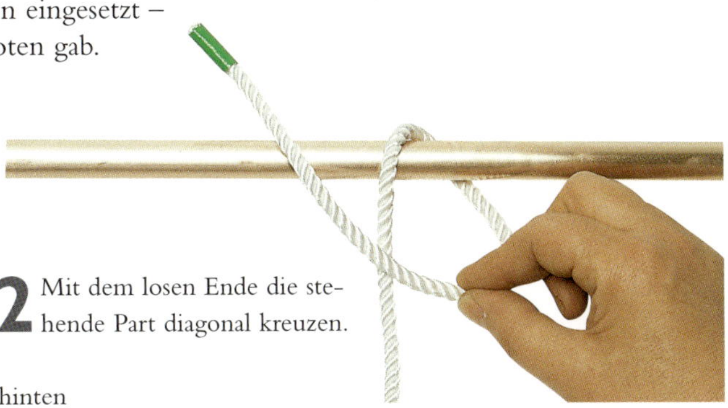

2 Mit dem losen Ende die stehende Part diagonal kreuzen.

3 Das lose Ende erneut um den Befestigungspunkt legen, um die stehende Part zu sichern.

4 Das Arbeitsende unter sich selbst hindurchführen. An der stehenden Part ziehen, um den Knoten festzuziehen.

Soll der Knoten schnell wieder geöffnet werden, wird in Schritt 4 das Arbeitsende buchtförmig unter sich selbst durchgesteckt.

WEBELEINSTEK
(IN DER LEINE GELEGT)

Dies ist eine Variante des Webeleinsteks, die nicht ruckweise belastet werden kann. Über einen Poller geworfen, dient er zum Vertäuen und kann zum Aufhängen von Dingen verwendet werden. Mit etwas Übung lässt er sich mit einer Hand schlagen, was in rauem Wetter sehr günstig sein kann, wenn man sich gleichzeitig mit der anderen Hand festhalten muss.

1 Ein Überhandauge in die Leine legen.

2 Ein weiteres Auge in einiger Entfernung des Leinenendes legen

3 Die Augen so ordnen, dass sie gleich groß werden.

4 Das rechte Auge über das linke schieben.

5 Die beiden Augen über den Gegenstand schieben und an beiden Enden den Knoten festziehen.

6 Zum Schluss den Knoten in Form schieben.

GRUNDLEINENSTEK

Eine bewährte Möglichkeit, eine dünnere mit einer stärkeren Leine zu verbinden. Der Knoten wurde von Dorschfischern, aber auch zum Anpflocken von Pferden verwendet.

1 Das Arbeitsende von vorn nach hinten über die Befestigungsgrundlage herum wieder nach vorn legen.

2 Mit dem losen Ende vorn diagonal die stehende Part kreuzen. Es entsteht ein Auge.

3 Das Ende rechts neben dem Auge hinter die Befestigungsgrundlage führen.

4 Das Auge buchtförmig etwas herausziehen.

5 Das Arbeitsende durch die Bucht stecken.

6 Den Knoten und das lose Ende an der festen Part zusammenziehen.

KATZENPFOTE

Die Katzenpfote ist eine häufig genutzte Hakenschlinge. Zwei doppelte Parten am Haken verringern die Möglichkeit, dass das Seil rutscht oder bricht. Selbst wenn ein Bein des Knotens bricht, nimmt das andere das Gewicht der Ladung auf, die dann langsam herabgelassen wird.

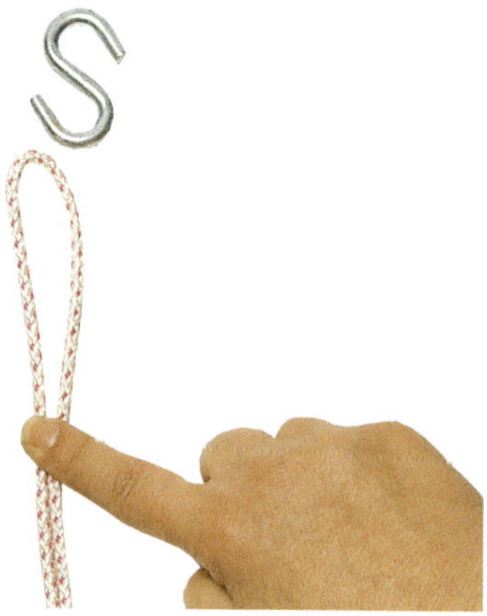

1 Eine Bucht in die doppelte Leine legen.

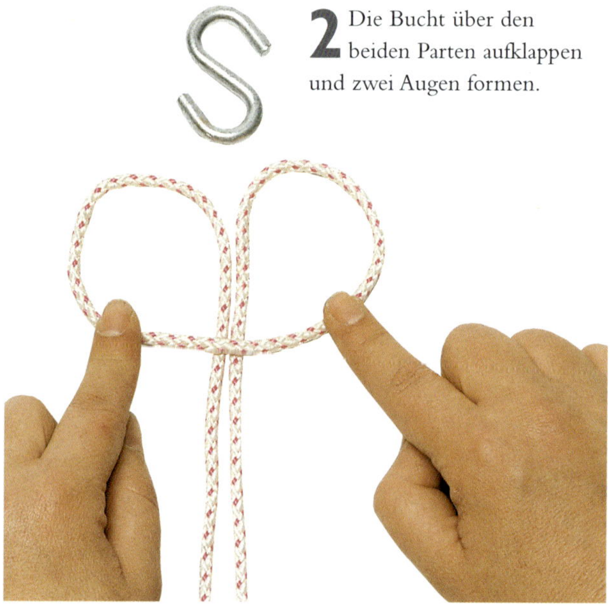

2 Die Bucht über den beiden Parten aufklappen und zwei Augen formen.

3 Beide Augen entgegen dem Uhrzeigersinn verdrehen.

4 Auf beiden Seiten noch einige Drehungen machen.

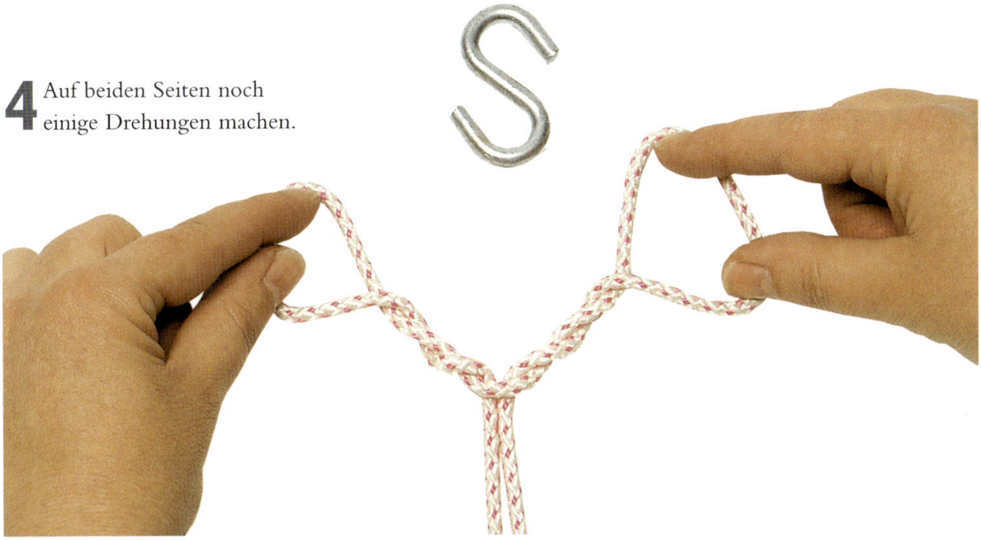

5 Den Haken durch die beiden verdrehten Augen schieben.

6 An den stehenden Parten ziehen, um die Windungen dicht an den Haken zu bringen und den Knoten festzuziehen.

MARLSPIEKERSCHLAG

Dünne Leinen mit diesem Knoten an einem stärkeren Seil angebracht, nutzen Seeleute zum Heranholen von Seilen, damit sie diese nicht in die Hand nehmen müssen. Statt eines Marlspiekers können auch andere Werkzeuge, z. B. ein Schraubenschlüssel, verwendet werden. Zum Lösen des Knotens einfach das Werkzeug entfernen.

1 Den Gegenstand auf das Seil legen, das an einem Ende festgemacht ist.

2 Das Seil um das Werkzeug legen.

3 Den Gegenstand im Uhrzeigersinn drehen und hinter die stehende Part führen.

4 Den Törn öffnen und auf beide Seiten der stehenden Part legen.

5 Den Gegenstand durch den geöffneten Törn führen.

6 Den Gegenstand weiter durch den Knoten führen und mit etwas Druck auf das Seil den Knoten am Gegenstand festziehen.

Verbinden

Alle Knoten lassen sich letztlich in Knoten und Steke einteilen. Ein Knoten verbindet zwei Leinen oder zwei Teile einer Leine miteinander. Er dient zum Verlängern einer Leine und sollte nach Gebrauch, insbesondere bei teuren Leinen, einfach zu lösen sein. In dünnerem Material wie Schnur oder Zwirn kann der Knoten, z. B. bei einer Paketverschnürung, auch bestehen bleiben oder nach Erfüllung seines Zwecks durchgeschnitten werden. Aus Sicherheitsgründen sollten die zu verbindenden Leinen die gleiche Stärke haben. Der Schotstek hingegen ist auch bei ungleichen Materialien sicher.

WASSERKNOTEN

(AUCH ALS DAUMENKNOTEN BEKANNT)

Dieser Knoten ist auch für das flach gewebte Material von Bergsteigern und Höhlenforschern geeignet. Von Clifford Ashley wissen wir, dass der Knoten in Scheunen häufig zum Aufhängen von Wurst, Schinken und Bananen Verwendung fand.

1 Einen lockeren Überhandknoten in das Ende einer Leine legen.

2 Mit dem losen Ende der zweiten Leine dem Verlauf der ersten folgen.

3 Darauf achten, dass beide losen Enden oben am Knoten herauskommen und alle Parten parallel liegen.

4 Den Knoten an beiden festen Parten gleichmäßig dichtziehen.

TROSSENSTEK
(MIT GEGENÜBERLIEGENDEN ENDEN) (AUCH CARRICK-KNOTEN GENANNT)

Dieser aus zwei sich überkreuzenden Überhandaugen gebildete Knoten stammt aus dem 18. Jahrhundert. Die Herkunft des Knotens liegt im Dunkeln, jedoch könnte er nach der Carrick-on-Suir in Irland oder nach der Karracke, einem mittelalterlichen Handelsschiff, benannt sein, woher auch der Name der Carrick Road vor dem Hafen von Falmouth in Cornwall stammen könnte. Heute wird der Knoten in der Schifffahrt selten genutzt, da er sich in nassem Zustand nicht einfach lösen lässt. Der Knoten soll sicherer sein, wenn die beiden losen Enden an entgegengesetzten Seiten herauskommen. Wird der flache, heraldisch anmutende Knoten angezogen, verliert er seine dekorative Form.

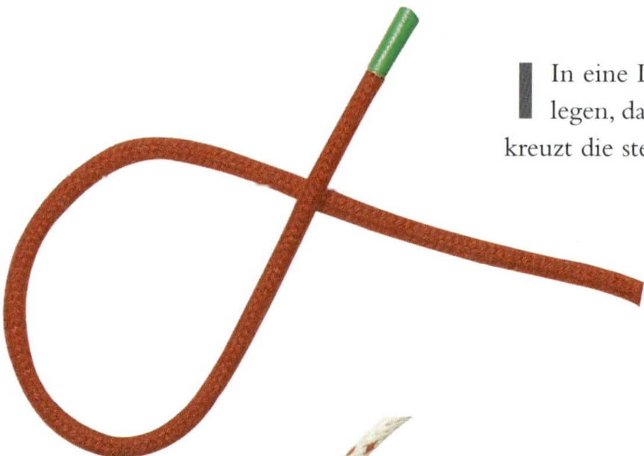

1 In eine Leine ein Auge legen, das Arbeitsende kreuzt die stehende Part oben.

2 Die andere Leine quer über das erste Auge und unter den stehenden Part der ersten Leine hindurch legen. Die beiden losen Enden liegen nun parallel.

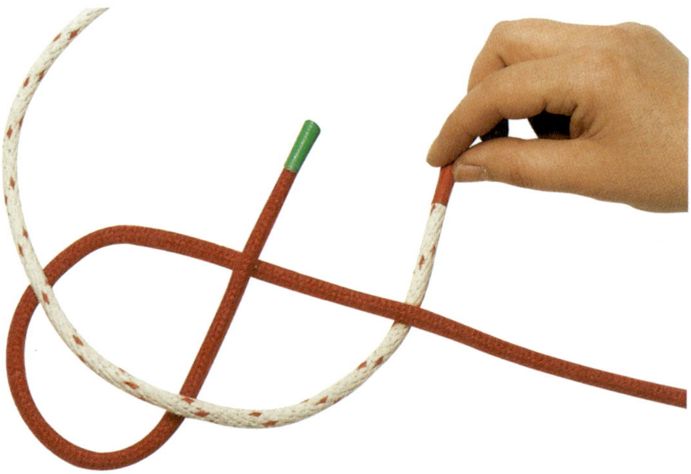

3 Das zweite Ende über das erste legen.

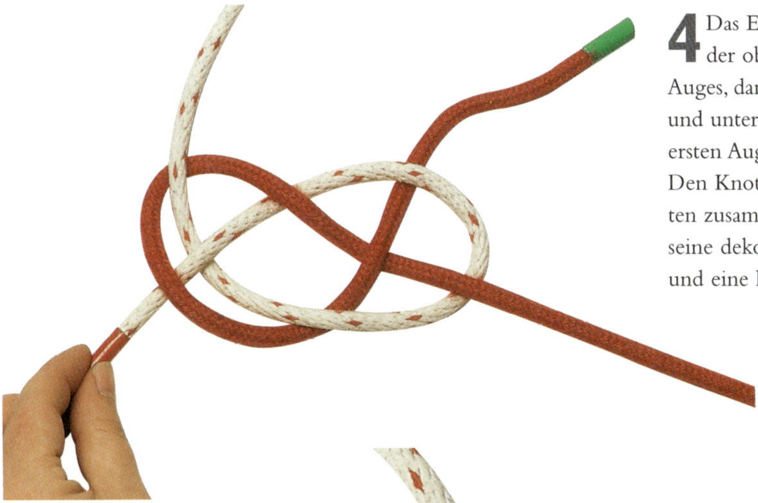

4 Das Ende weiter unter der oberen Part des ersten Auges, dann über sich selber und unter der unteren Part des ersten Auges hindurchführen. Den Knoten an den festen Parten zusammenziehen, wobei er seine dekorative Form verliert und eine kompakte annimmt.

SCHOTSTEK

(AUCH ALS GEMEINER STEK ODER FLAGGENSTEK BEKANNT)

Im Gegensatz zu den meisten anderen Schlingen lassen sich mit dem Schotstek auch zwei Seile unterschiedlicher Stärke miteinander verbinden. Er ist jedoch nicht absolut zuverlässig, wenn er ruckartigen Bewegungen und starken Belastungen ausgesetzt wird. Der Schotstek ist bereits auf alten ägyptischen Gemälden zu sehen, sein Name erschien in schriftlicher Form allerdings erst 1794. Der Schotstek, wie der Name besagt, wurde zunächst bei Segelschiffen zum Befestigen der Seile (Schote genannt) an den Segeln eingesetzt. Verbindet er den Tampen einer Flagge mit der Flaggleine, hilft er beim Hissen oder Niederholen der Flagge mit.

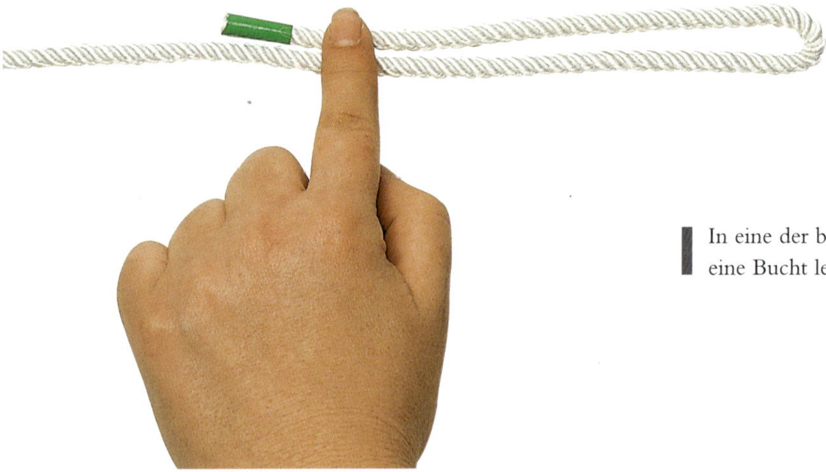

1 In eine der beiden Leinen eine Bucht legen.

2 Die zweite Leine von unten in die Bucht stecken.

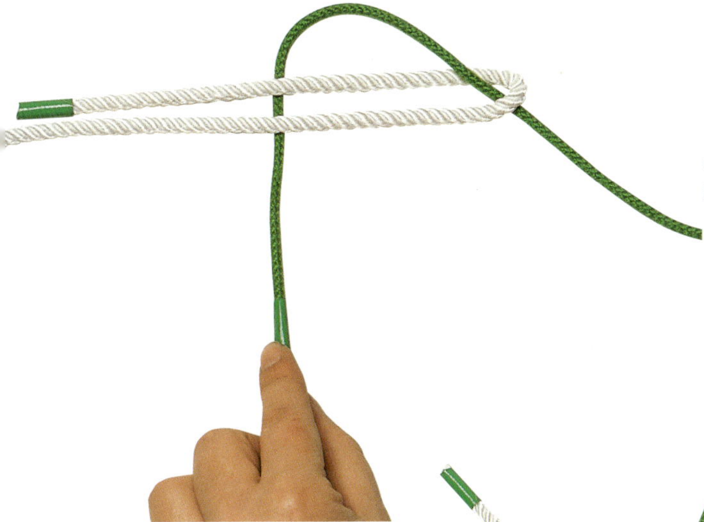

3 Das Arbeitsende um die Bucht herum und unter den stehenden Parten hindurchführen.

4 Das Arbeitsende unter seiner eigenen festen Part hindurchführen. Die beiden losen Enden liegen auf der gleichen Seite des Knotens.

5 Den Knoten an der stehenden Part der zweiten Leine festziehen. Gegebenenfalls die Arbeitsenden ausrichten.

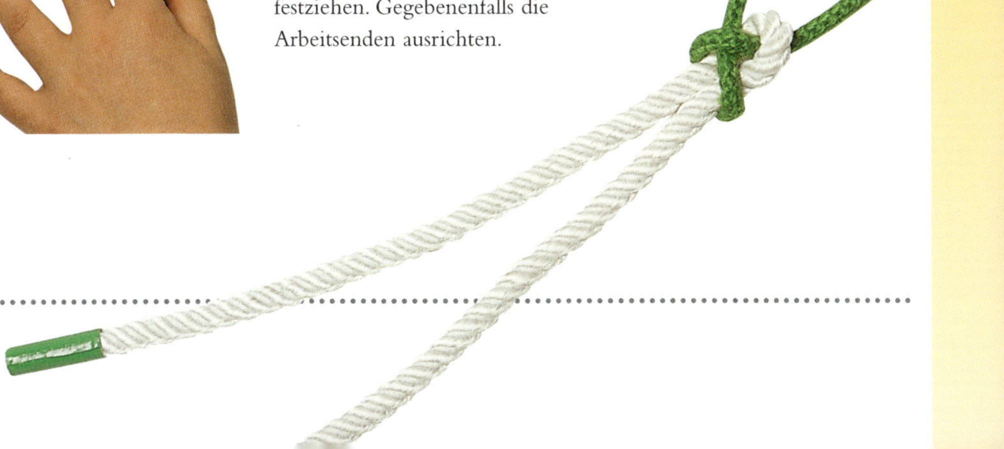

EINBAHN-SCHOTSTEK

Soll der Schotstek über oder durch ein Hindernis, z. B. eine Felsspalte, gezogen werden, kann er stecken bleiben. Durch diese Anpassung wird der Knoten stromlinienförmiger, wobei darauf zu achten ist, dass die losen Enden der Zugrichtung entgegen liegen.

1 In eine der beiden Leinen eine Bucht legen.

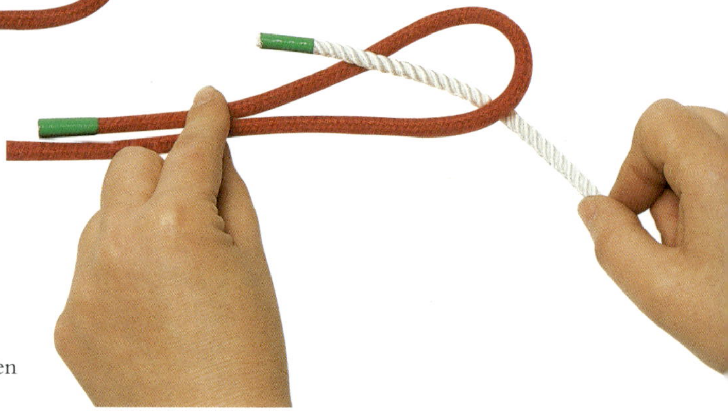

2 Die zweite Leine von unten in die Bucht stecken.

3 Das lose Ende um die Bucht herum und unter den stehenden Parten hindurchführen.

4 Das Ende unter seiner eigenen festen Part hindurchführen. Beide losen Enden liegen auf der gleichen Seite des Knotens.

5 Das lose Ende so durch sein eigenes Auge stecken, dass ein Achtknoten entsteht.

6 Das Arbeitsende unter sich selbst hindurchstecken und zwischen die Parten der anderen Leine legen. Den Knoten sorgfältig festziehen, sodass alle Parten gut beieinander liegen.

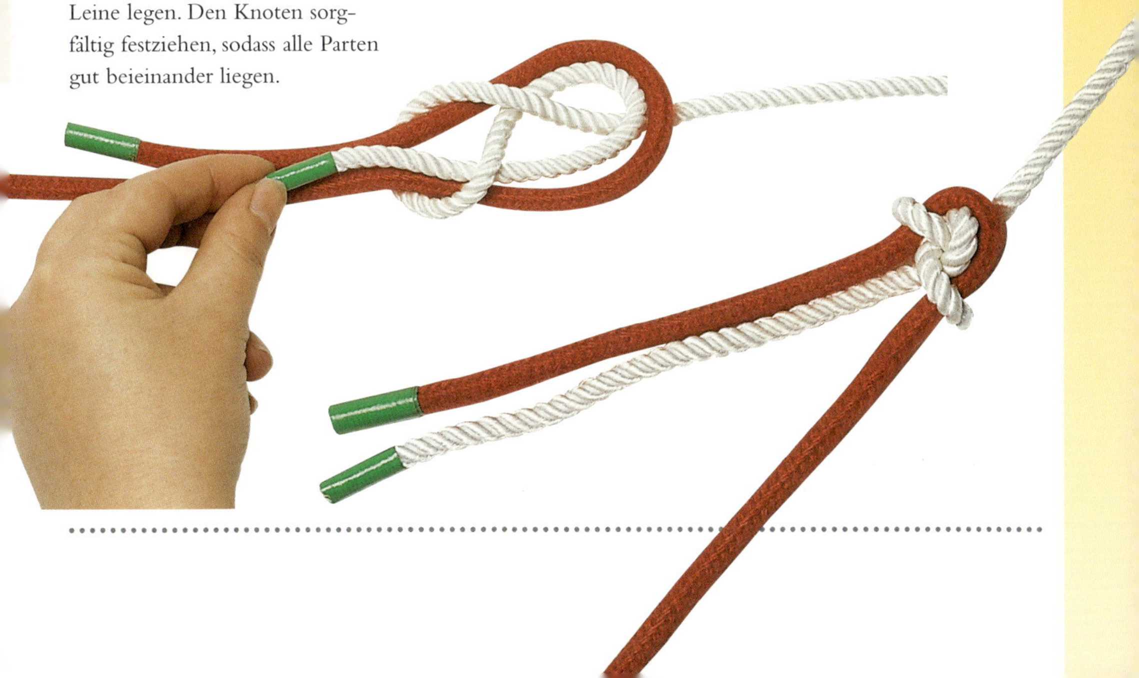

STRECKTAUKNOTEN

Wenn ein Schotstek nicht sicher genug erscheint, kommt der Strecktauknoten zum Zuge. Eine stärkere Leine wird mit achtförmigen Parten einer dünneren Leine umwickelt. Damit klemmen die Törns deren Parten so ein, dass die Bucht geschlossen bleibt und sich die Verbindung nicht lösen kann.

1 In die stärkere Leine eine Bucht legen.

2 Das Arbeitsende der dünneren Leine über die Bucht der dickeren legen.

3 Das lose Ende unter einer stehenden Part der Bucht hindurchführen.

4 Das Ende zurück und unter der anderen stehenden Part der Bucht durchführen.

5 Nun das lose Ende wieder zurück unter der stehenden Part der Bucht hindurchführen.

6 Diese Vorgänge um die Parten der Bucht wiederholen.

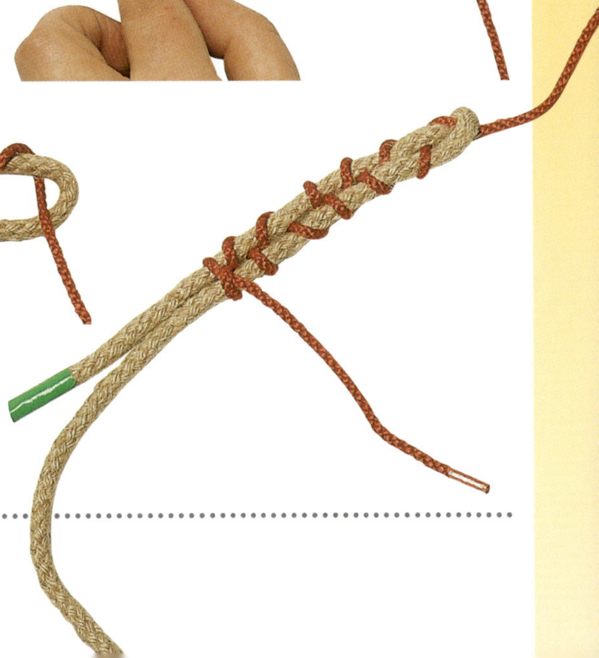

7 Das Arbeitsende unter einem Törn hindurchstecken. Einen Törn nach dem anderen zur Bucht hin festziehen.

HILFSLEINENKNOTEN

Der Knoten wurde erstmals in dem schwedischen Knotenhandbuch *De Viktigaste Knutarna* von Hjalmar Ohrvall 1912 erwähnt. Einfach und schnell zu machen, verbindet der Knoten eine leichte Hilfsleine mittels einer Bucht oder einem Auge mit einer schweren Trosse, die in eine bestimmte Lage gebracht werden soll.

1 Eine Bucht in die stärkere Leine legen.

2 Die dünnere Leine so über und zwischen die Bucht legen, dass die Arbeitsenden auf gleicher Höhe liegen.

3 Das Ende der dünneren Leine über-unter der festen Part der Bucht und über die eigene feste Part führen.

4 Das Arbeitsende unter die kurze Part der Bucht legen.

5 Das Ende der dünneren Leine zurück über die Bucht und von unten durch sein eigenes Auge führen. Den Knoten festziehen.

GRIPKNOTEN

Der einfach zu machende Knoten wurde 1986 von Harry Asher als sichere Alternative zum Hilfsleinenknoten ersonnen.

1 Eine Bucht in die stärkere Leine legen.

2 Die dünnere Leine so unter die Bucht einführen, dass die Arbeitsenden etwa auf gleicher Höhe liegen.

3 Mit der dünneren Leine einen Rundtörn um das Ende der Bucht schlagen.

4 Das Arbeitsende der dünneren Leine zum offenen Ende der Bucht bringen und einen Törn um diese und die dünne feste Part schlagen.

5 Zum geschlossenen Ende der Bucht hin dicht aneinanderliegende Törns legen.

6 Den ersten Törn lösen und buchtförmig in eine Zugschlaufe ziehen.

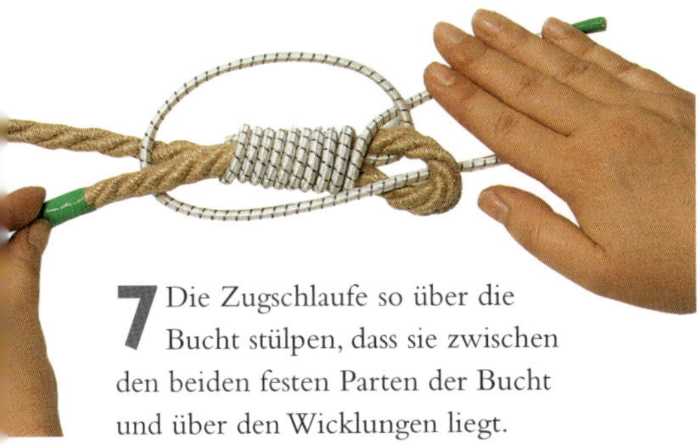

7 Die Zugschlaufe so über die Bucht stülpen, dass sie zwischen den beiden festen Parten der Bucht und über den Wicklungen liegt.

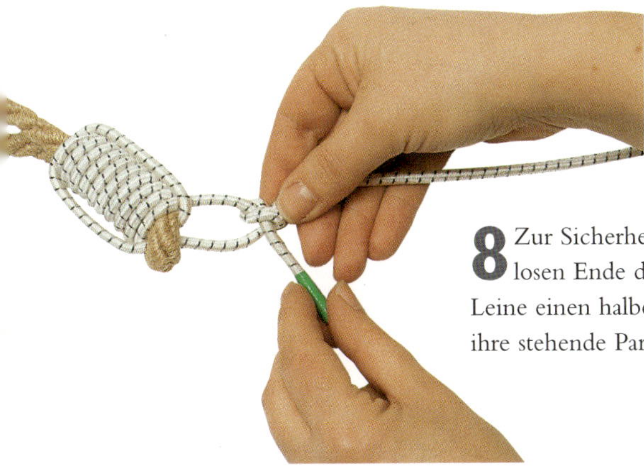

8 Zur Sicherheit mit dem losen Ende der dünneren Leine einen halben Schlag um ihre stehende Part machen.

FLÄMISCHER KNOTEN

Dieser einfache, schnell zu machende Knoten ist einer der stärksten in Seil wie auch in Schnur. Seeleute jedoch lehnen diesen Knoten ab, da er sich in nassem Naturtauwerk unlösbar zusammenzieht. Für Synthetiktauwerk bestens geeignet, wird er von Kletterern sehr geschätzt.

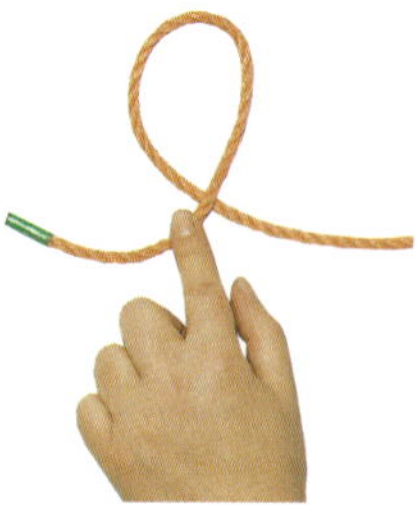

1 Ein Auge so in eine Leine legen, dass das lose Ende auf der stehenden Part liegt.

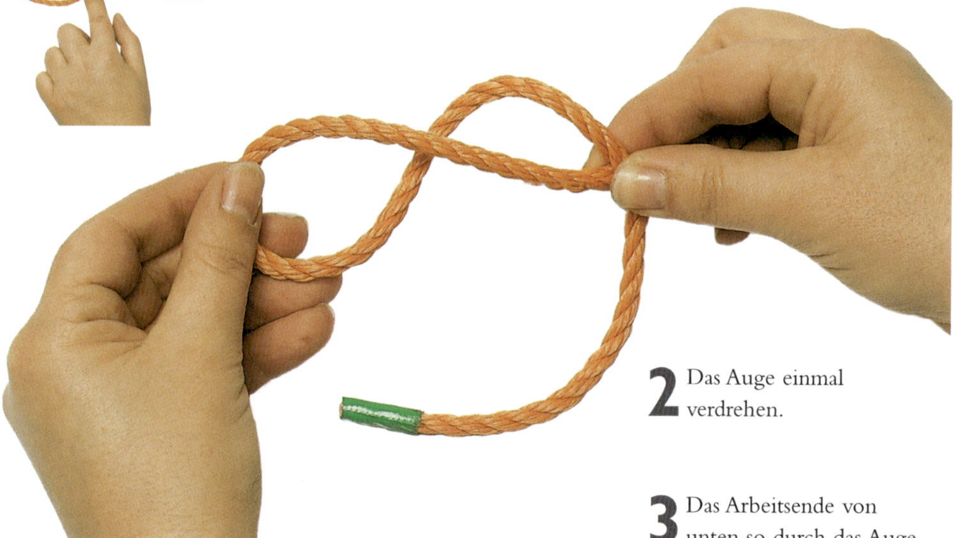

2 Das Auge einmal verdrehen.

3 Das Arbeitsende von unten so durch das Auge stecken, dass das Ganze wie eine Acht aussieht.

4 Das lose Ende der zweiten Leine parallel zur losen Part des ersten Endes gegen deren Richtung in das linke Auge legen.

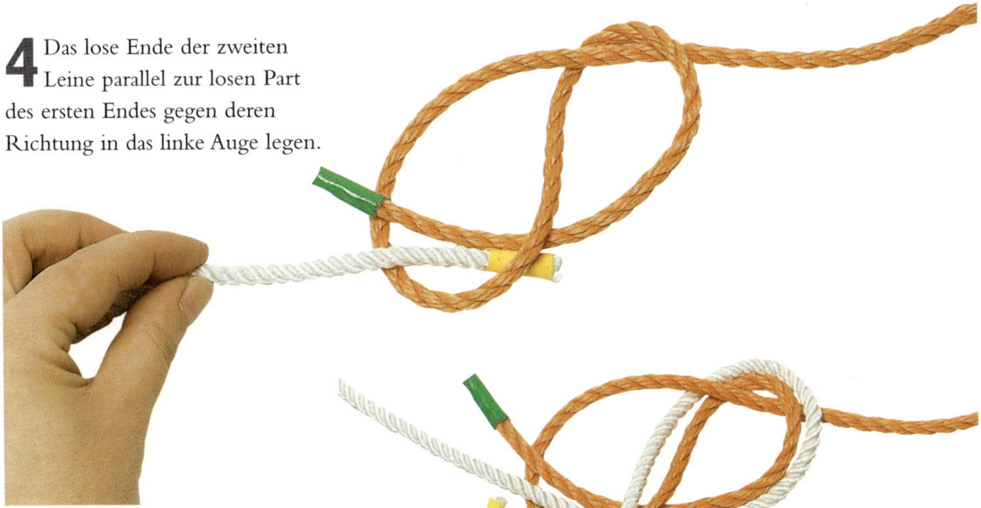

5 Mit dem zweiten losen Ende dem Verlauf der ersten Parten zunächst außen entlang folgen.

6 Dann dem Verlauf der Parten durch das Innere des rechten Auges nach außen folgen. Den Knoten an allen Parten ziehend dichtholen.

HUNTER-KNOTEN
(AUCH RIGGERSTEK ODER TAKLERKNOTEN GENANNT)

Im Oktober 1978 berichtete The Times auf der Titelseite über den pensionierten Arzt Dr. Edward Hunter, der einen neuen Knoten ersonnen haben sollte. Der Artikel erregte großes Aufsehen und führte letztlich 1982 zur Gründung der International Guild of Knot Tyers. Nachforschungen ergaben jedoch, dass der gleiche Knoten bereits während des Zweiten Weltkriegs von dem Amerikaner Phil Smith unter dem Namen Riggerstek beschrieben worden war. Smith hatte den Knoten erfunden, während er im Hafen von San Francisco arbeitete. Der Hunter-Knoten, ein guter Mehrzweckknoten, lässt sich leicht lösen und ist stärker als der Schotstek oder Kreuzknoten. Leinen lassen sich damit gut aufschießen und sichern, was ihn bei Kletterern und Höhlenforschern beliebt macht. Eine Tauwerksrolle lässt sich so gut über der Schulter tragen oder sauber verstauen.

1 Die beiden Leinen parallel und gegenläufig nebeneinander legen.

2 Aus dem doppelten Leinenabschnitt ein Auge bilden, die Parten liegen parallel.

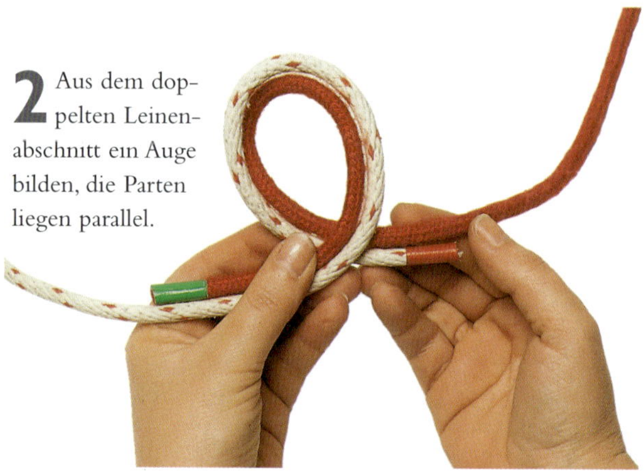

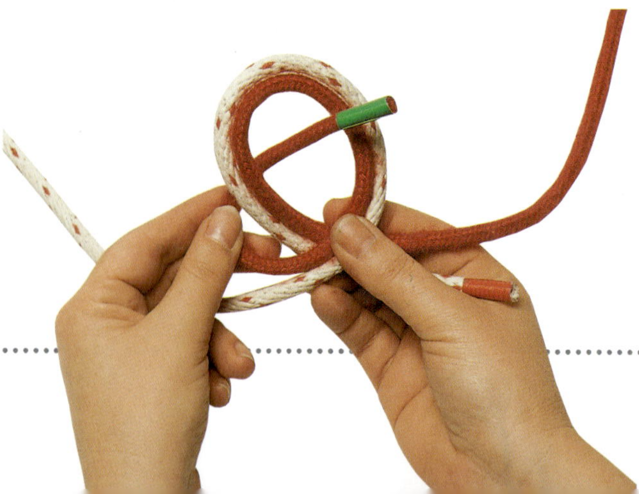

3 Das vorn liegende Arbeitsende um das doppelte Auge nach hinten führen.

4 Das lose Ende durch das Auge von hinten nach vorn stecken.

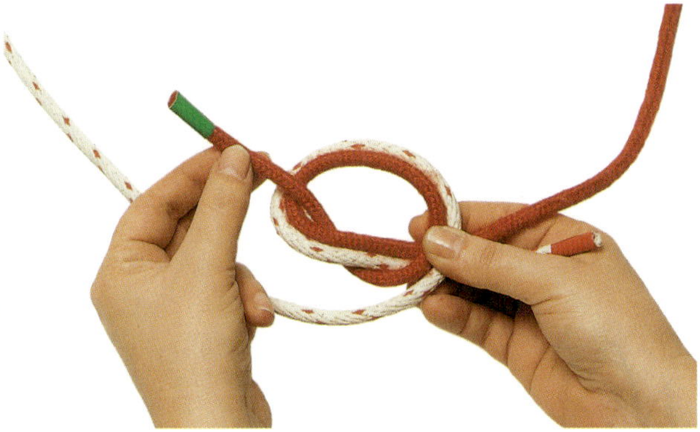

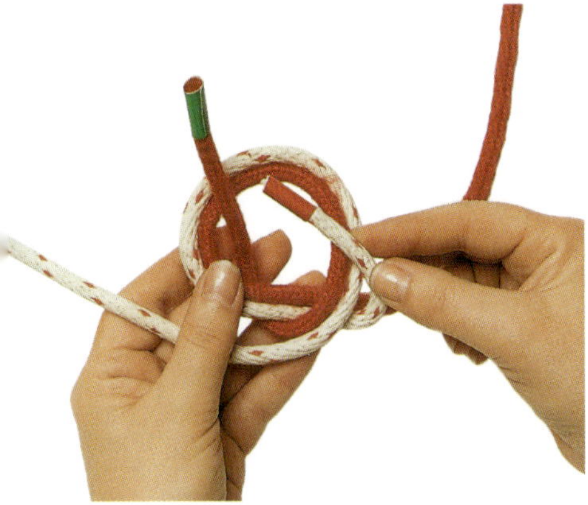

5 Das hinten liegende Arbeitsende um das doppelte Auge nach vorn führen.

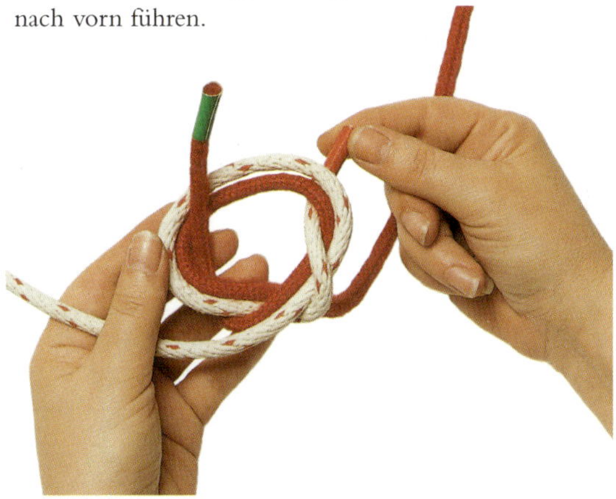

6 Das lose Ende von vorn nach hinten durch das Auge stecken.

7 Die losen Enden nicht aus dem Auge rutschen lassen und aus dem Knoten holen. Die losen Teile langsam festziehen.

8 Alle Parten nacheinander dichtziehen, bis der Knoten fest ist.

ZEPPELIN-KNOTEN

Trotz seiner Ähnlichkeit mit dem Hunter-Knoten gibt es auch Unterschiede: Bei letzterem liegen die Arbeitsenden parallel zu den festen Parten, während sie hier im rechten Winkel abstehen. Wie der Name schon andeutet, wurde der Knoten zum Vertäuen von Luftschiffen am Boden oder an Masten verwendet. Er ist auch für Drachen geeignet.

1 Die beiden Leinen zusammenhalten, die losen Enden in eine Richtung.

2 Mit einem losen Ende, das auf Ihrer Seite, ein Auge legen.

3 Das Arbeitsende hinter die beiden Parten und durch das eigene Auge führen.

4 Die stehende Part der anderen Leine über ihr eigenes Arbeitsende legen.

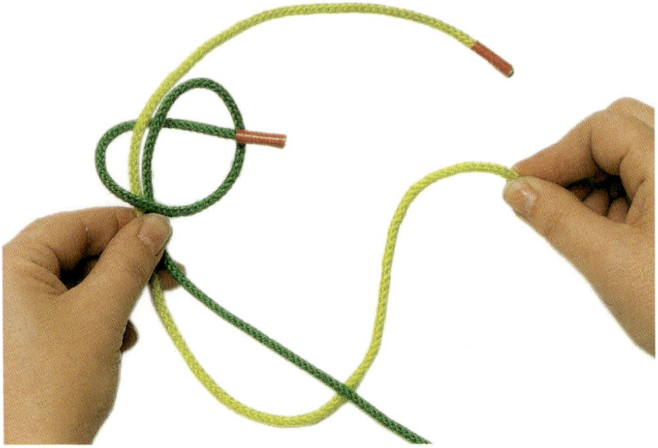

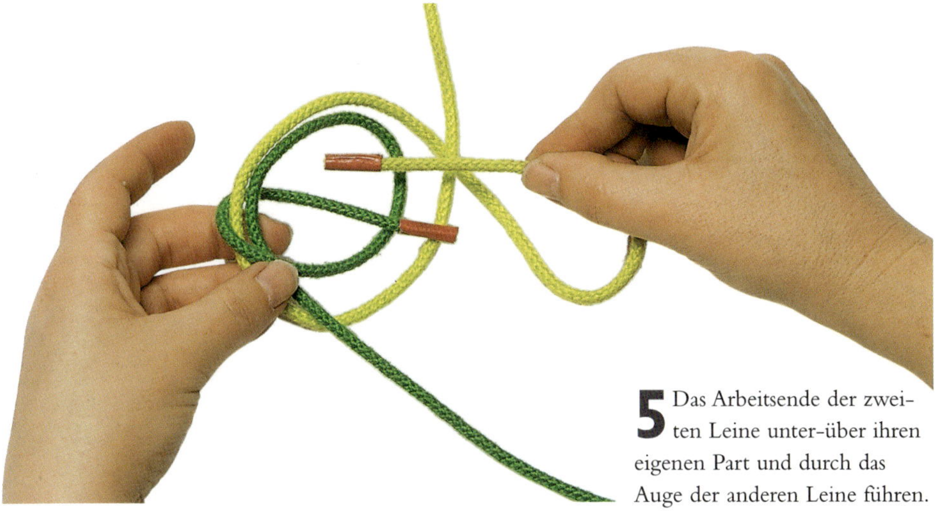

5 Das Arbeitsende der zweiten Leine unter-über ihren eigenen Part und durch das Auge der anderen Leine führen.

6 Alle Parten nacheinander dichtziehen, bis der Knoten fest ist.

FISCHER-KNOTEN

(AUCH ENGLISCHER KNOTEN ODER ANGLERKNOTEN GENANNT)

Einfach, zuverlässig und bei Anglern sehr gebräuchlich, ist der Fischer-Knoten eine sichere Verbindung zweier gleich starker Enden. Er wird aus zwei Überhandknoten gebildet, die so zusammengeschoben werden, dass die Arbeitsenden entgegengesetzt liegen. Aus stärkerem Material gemacht, lässt er sich lösen, aus dünnerem muss er durchgeschnitten werden.

1 Die beiden Leinen parallel, die losen Enden in entgegengesetzte Richtung legen

2 Mit dem unteren losen Ende einen Überhandknoten um die andere Leine machen.

3 Mit der oberen Leine einen Überhandknoten um die untere machen.

4 An beiden Arbeitsenden ziehen, um die einzelnen Knoten zu verschieben.

5 Beide Knoten an den stehenden Parten gegeneinander festziehen.

TIPP

Die Arbeitsenden mit Klebeband an den festen Parten befestigen, damit die kurzen Enden des Knotens sich nicht lösen können.

EINFACHER SIMON-ÜBER

Dieser Knoten und die Variante Einfacher Simon-Unter wurden von Harry Asher ersonnen und 1989 veröffentlicht. Ein sehr nützlicher Knoten für das Verbinden von glatten Synthetikleinen.

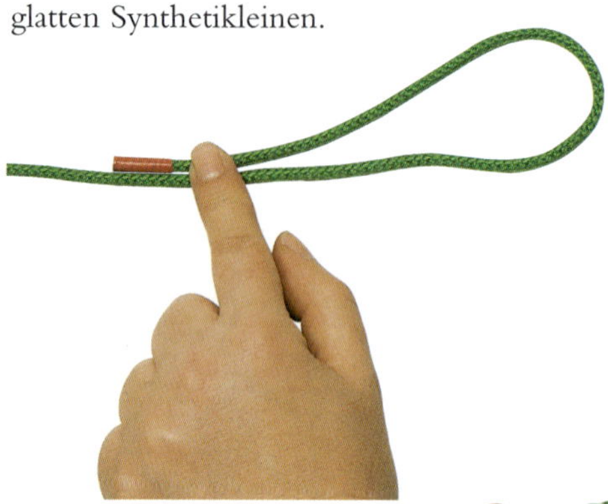

1 Eine Bucht in eine der Leinen machen.

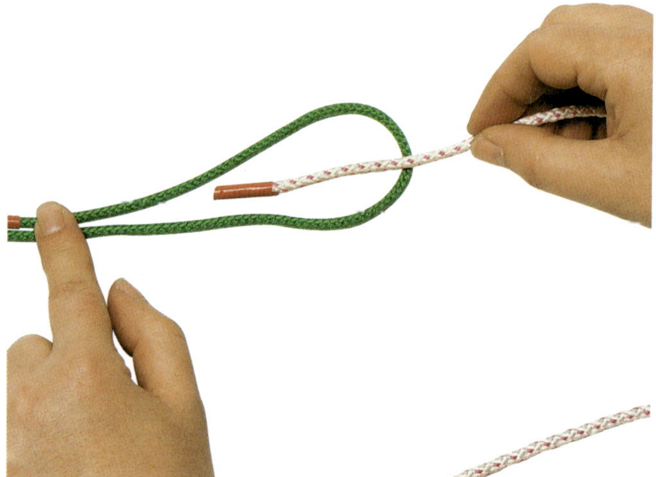

2 Das Arbeitsende der anderen Leine über die Bucht legen.

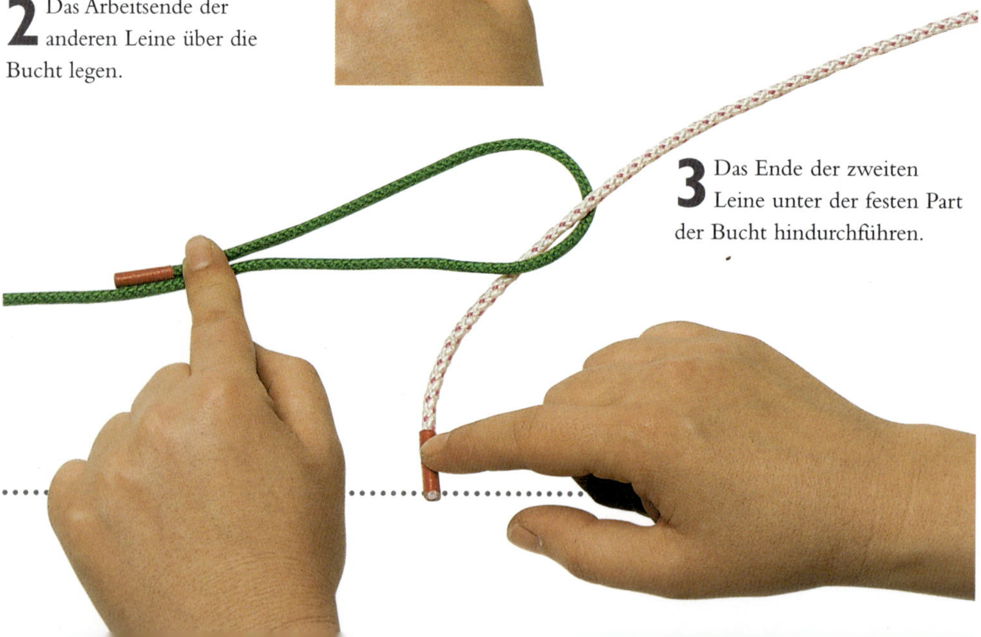

3 Das Ende der zweiten Leine unter der festen Part der Bucht hindurchführen.

4 Das Ende nun schlangenförmig über und unter den beiden Parten der Bucht hindurchführen.

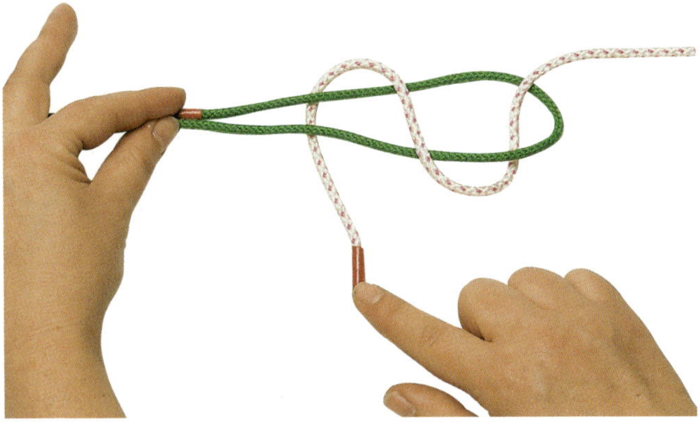

5 Das Arbeitsende zu einem Auge über die festen Parten legen (erklärt das Über im Namen, wohingegen es im Einfachen Simon-Unter unten liegt).

6 Das Arbeitsende von außen unten so in die Bucht stecken, dass es parallel zu seiner stehenden Part liegt. Dann den Knoten sorgfältig zusammenziehen.

DOPPEL-ACHTKNOTEN

Der Knoten ist in seinem Aussehen und seiner Verwendung dem Fischer-Knoten sehr ähnlich. Beides sind Knoten in Achtform. Wird zwischen den achtförmigen Knoten ein paar Zentimeter Raum gelassen, fangen sie durch ihr Zusammenrutschen einen plötzlichen Ruck auf, bevor der Knoten hält.

1 Ein Auge so in eine Leine legen, dass das Arbeitsende auf der stehenden Part liegt.

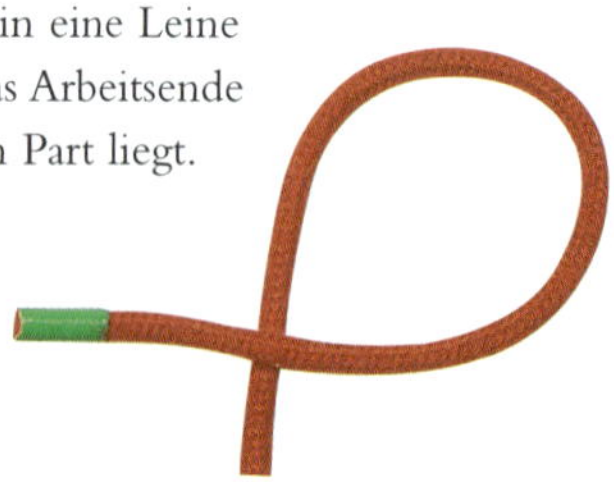

2 Das Auge einmal verdrehen.

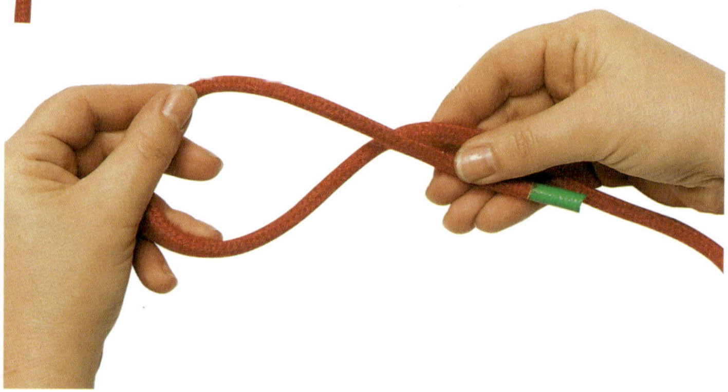

3 Das Arbeitsende durch das obere Auge führen, es entsteht eine Achtform.

4 Das Arbeitsende der zweiten Leine durch den ersten Knoten führen.

5 Mit der zweiten Leine ein paar Zentimeter entfernt um die erste Leine denselben Achterknoten machen.

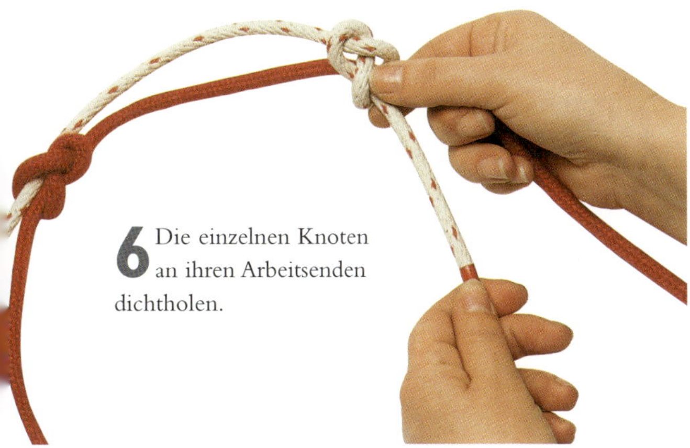

6 Die einzelnen Knoten an ihren Arbeitsenden dichtholen.

7 An den festen Parten die beiden Knoten dichtholen.

REGULIERBARER KNOTEN

Ebenso wie die Knoten in Achtform fangen diese beiden Knoten durch ihr Zusammengleiten einen plötzlichen Ruck oder einen außergewöhnlichen Zug auf. Unter nicht zu starkem, gleichmäßigem Zug bleiben die Knoten getrennt. Der Knoten kann in Leinen oder, wie von Kletterern bevorzugt, in Gurtbändern gemacht werden.

1 Die beiden Leinen parallel, die losen Enden in entgegengesetzte Richtung legen.

2 Mit dem Arbeitsende der oberen Leine einen Törn um die andere Leine zu deren Arbeitsende hin schlagen.

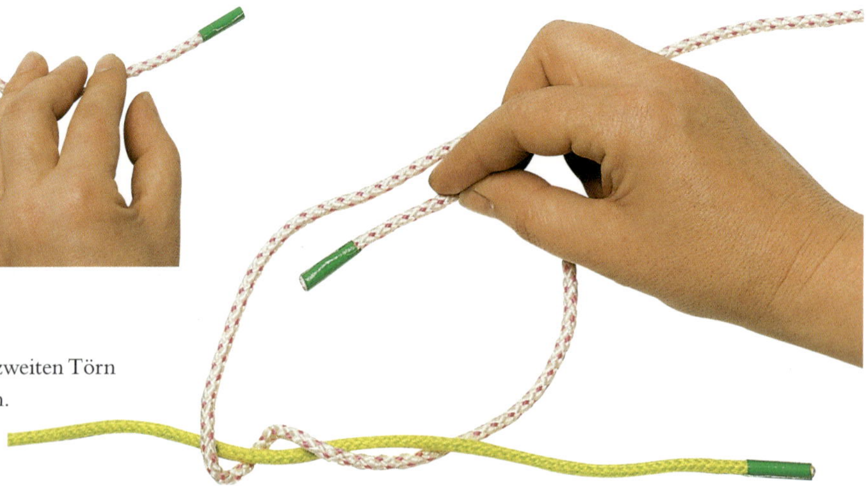

3 Einen zweiten Törn machen.

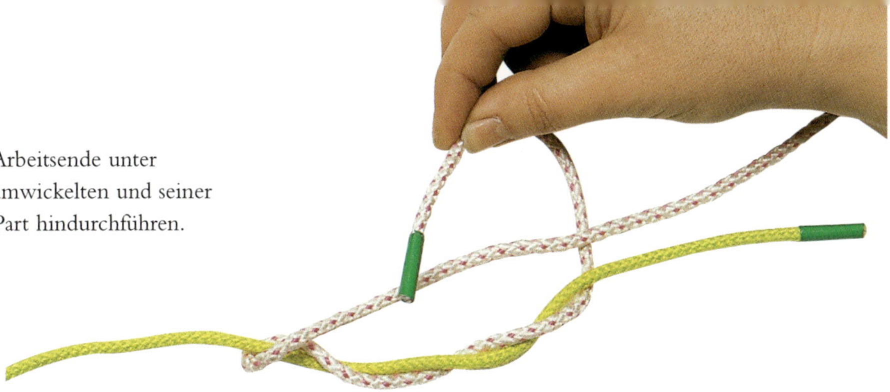

4 Das Arbeitsende unter der umwickelten und seiner eigenen Part hindurchführen.

5 Das Ende unter seinem eigenen Auge und über der stehenden Part der anderen Leine hindurchstecken.

6 Den fertigen Knoten herumdrehen.

7 Mit der zweiten Leine in etwa 5 cm Abstand denselben Knoten um die erste Leine machen.

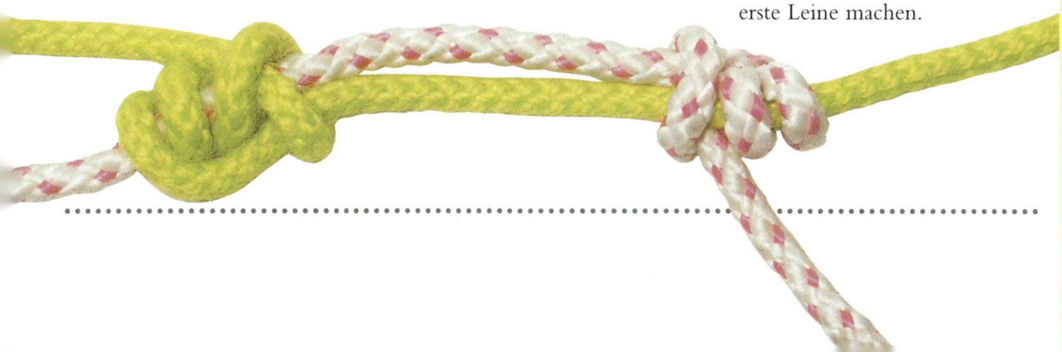

STROPPKNOTEN

Mit diesem Knoten verbinden Schulmädchen meist die Gummibänder für das Seilhüpfen. Es lassen sich vielfarbige Schlaufen und Ketten mit dem Knoten herstellen.

1 Zwei Buchten so hinlegen, dass die eine in die andere greift.

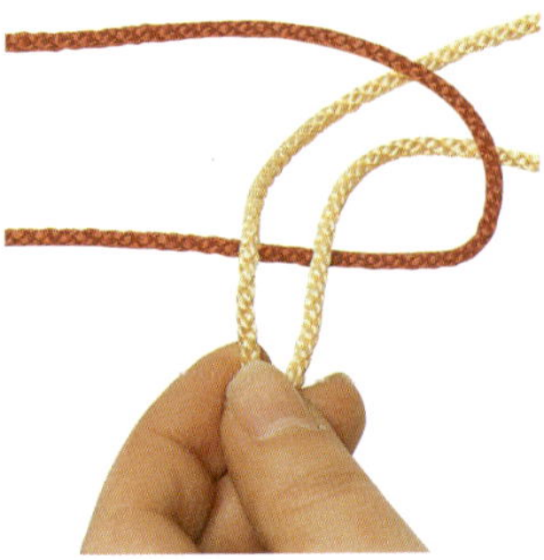

2 Die innen liegende Bucht zurückbiegen.

3 Die stehenden Parten der Arbeitsbucht durch die zurückgebogene Bucht holen.

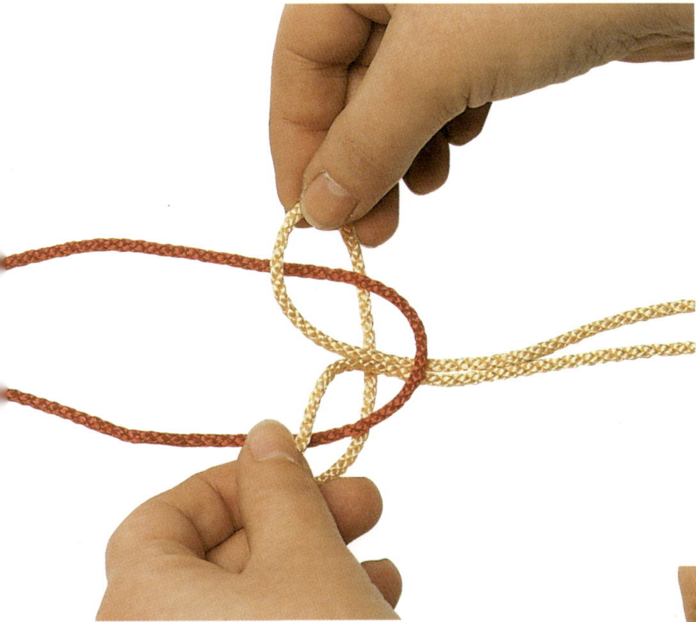

4 Die beiden Augen der Arbeitsbucht in entgegengesetzte Richtung ziehen …

5 … und zu einer Bucht aufziehen.

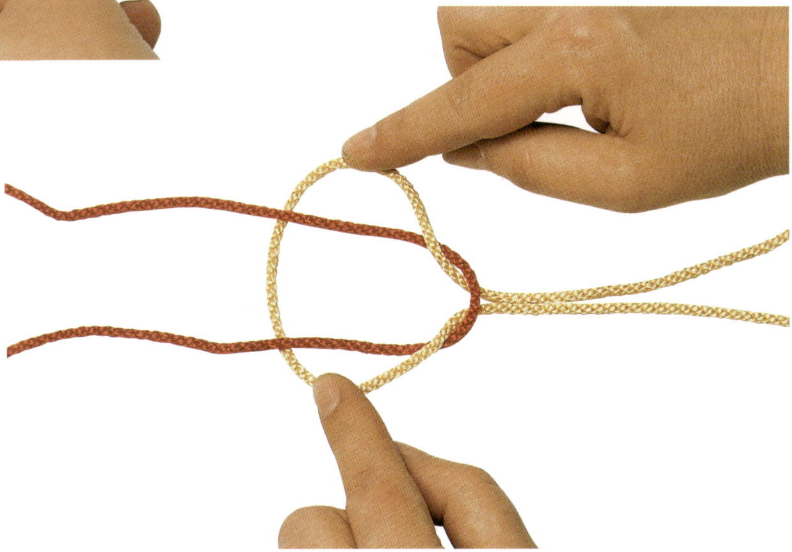

6 Den Knoten an allen vier Parten gleichzeitig festziehen.

SHAKE HANDS

Ein besondere Name für einen großartigen Knoten, der nicht nur sicher, sondern auch einfach zu lösen ist.

1 Ein Auge so in eine Leine legen, dass das lose Ende auf der stehenden Part liegt.

2 Das Arbeitsende der anderen Leine durch das Auge führen und auch damit ein Auge legen, das Ende liegt unter der stehenden Part.

3 Das erste Arbeitsende unter beide Augen legen.

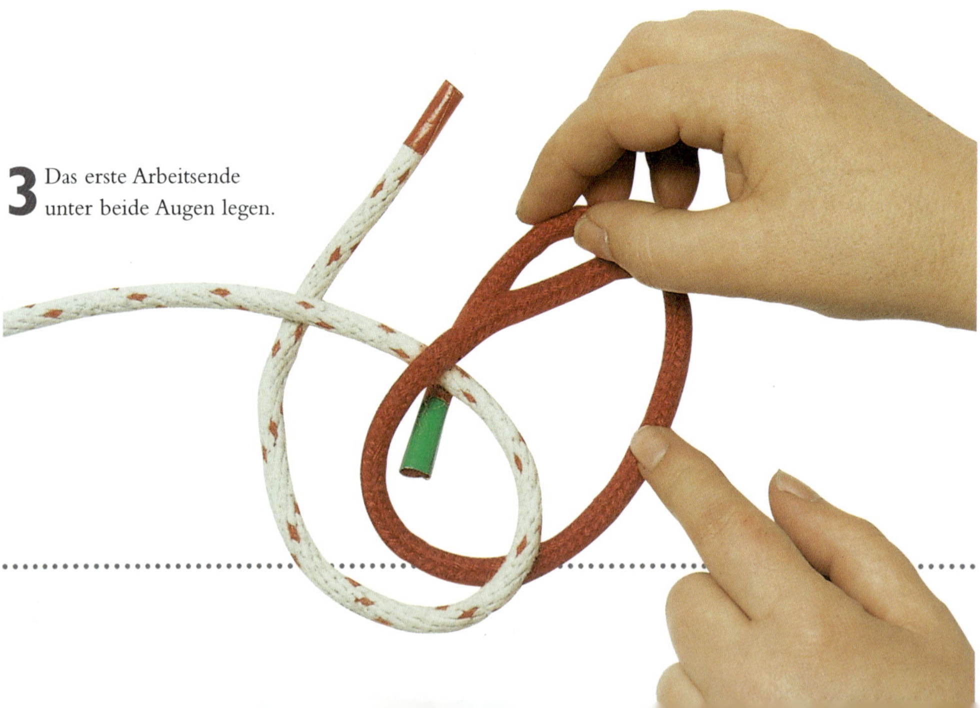

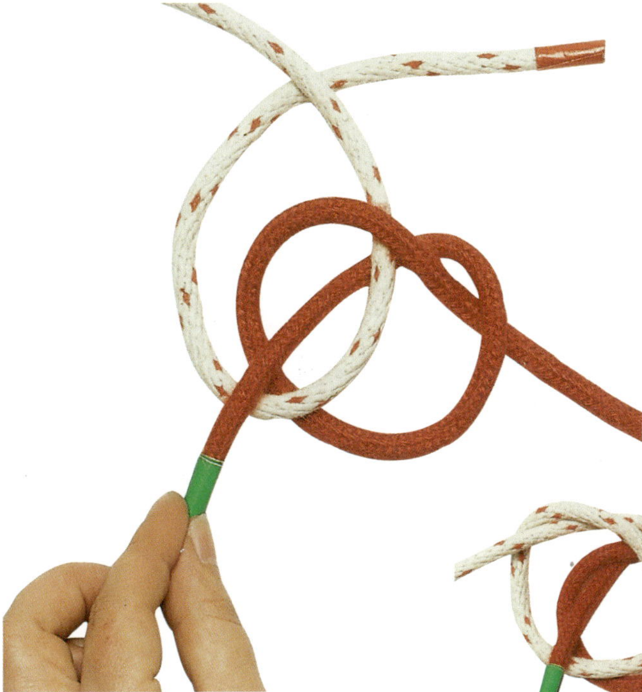

4 Das erste Ende dann durch den mittleren Zwischenraum beider Augen von hinten nach vorn schieben.

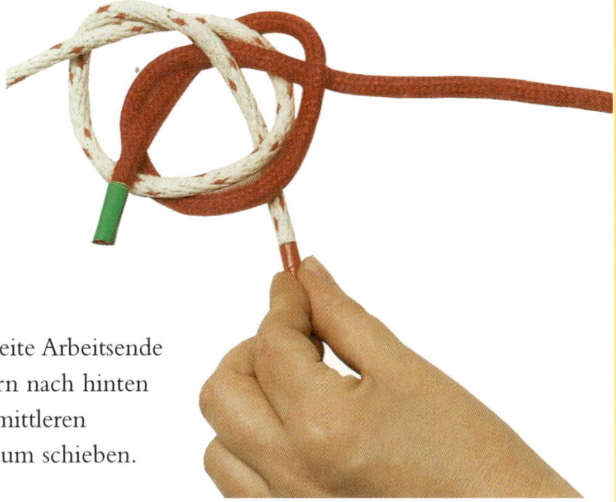

5 Das zweite Arbeitsende von vorn nach hinten durch den mittleren Zwischenraum schieben.

6 An den losen Enden ziehen.

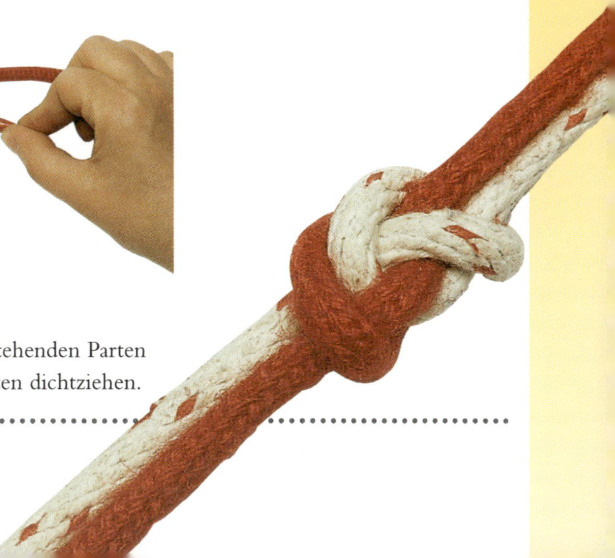

7 An den stehenden Parten den Knoten dichtziehen.

Matten, Flechtungen und anderes

Matten werden wie ein Gewebe aus miteinander verwobenen Leinen in einfachen, wiederkehrenden Mustern gemacht; Flechtungen dagegen entstehen aus komplexeren Mustern. Wie auch immer: Beide sind für dekorative Knoten und zur Verstärkung von Leinen geeignet. Laschings dienen zum Zusammenhalten von z. B. Latten. Einige der wirklich attraktiven Knoten eignen sich nur für dekorative Zwecke.

QUADRATKNOTEN

Dieser Knoten ist unter vielen Namen bekannt: Viehdiebknoten, Chinesischer Kreuzknoten, Japanischer Kronen- oder Erfolgsknoten – um nur drei zu nennen. Bademäntel und Vorhänge lassen sich mit einem so geknoteten Bindegürtel zusammenhalten. Unterschiedlich gefärbte Leinen oder Lederbänder machen den Knoten noch aparter.

1 Eine Bucht in eine von zwei Leinen machen und die andere hindurchstecken.

2 Mit der zweiten Leine eine Bucht legen, das lose Ende unter die erste Bucht.

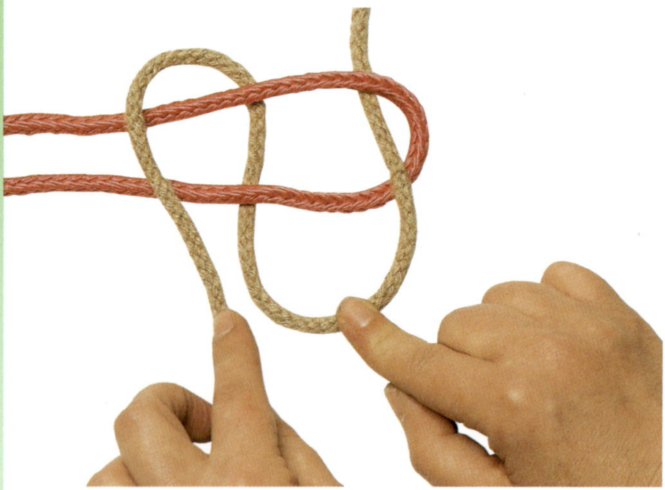

3 Das Arbeitsende der zweiten Leine über die erste Bucht zurückführen.

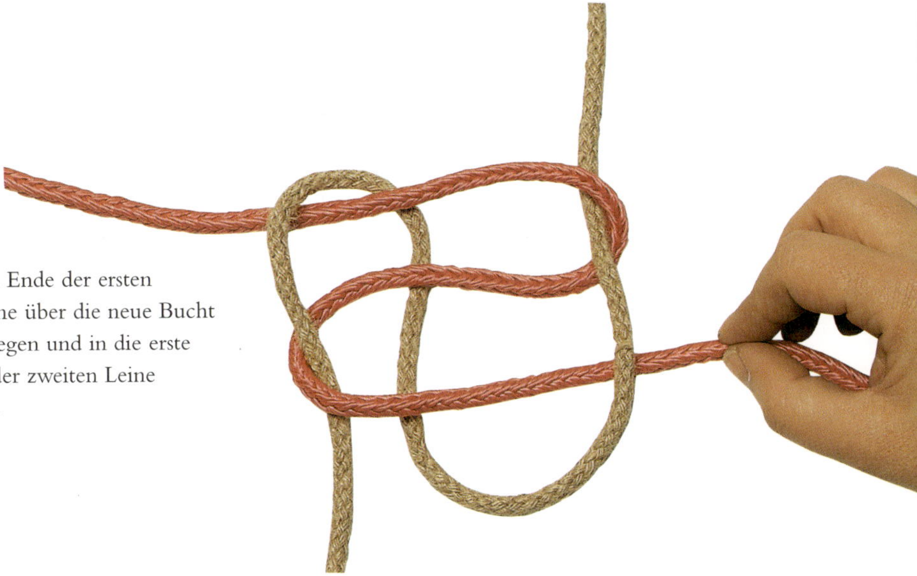

4 Das Ende der ersten Leine über die neue Bucht zurücklegen und in die erste Bucht der zweiten Leine stecken.

5 Den Knoten nacheinander vorsichtig an allen vier Parten dichtziehen.

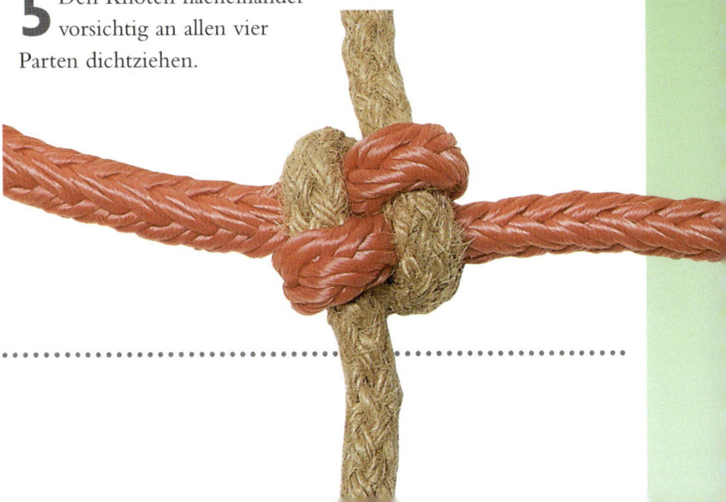

GLÜCKSKNOTEN

Als ich mein erstes Auto kaufte, hatte der Voreigentümer den Zündschlüssel an einem Glücksknoten befestigt. Der beeindruckend aussehende Knoten ist einfach zu fertigen. Ich verwende ihn oft für Geschenkverpackungen, um Freunde damit zu erfreuen. Bei den ersten Versuchen können die Buchten mit Nadeln fixiert werden.

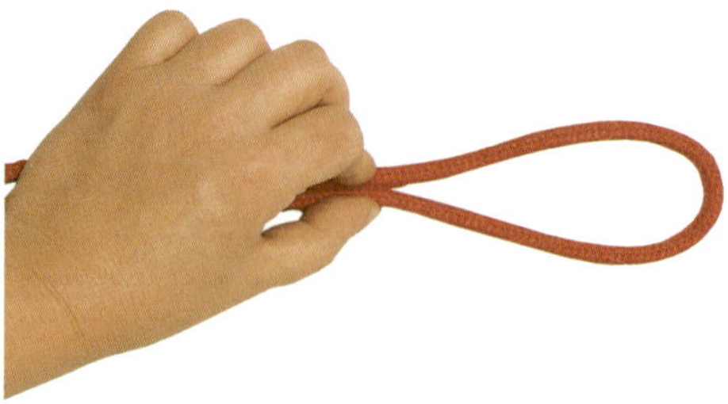

1 Eine längere Leine mitteln und in eine enge Bucht legen.

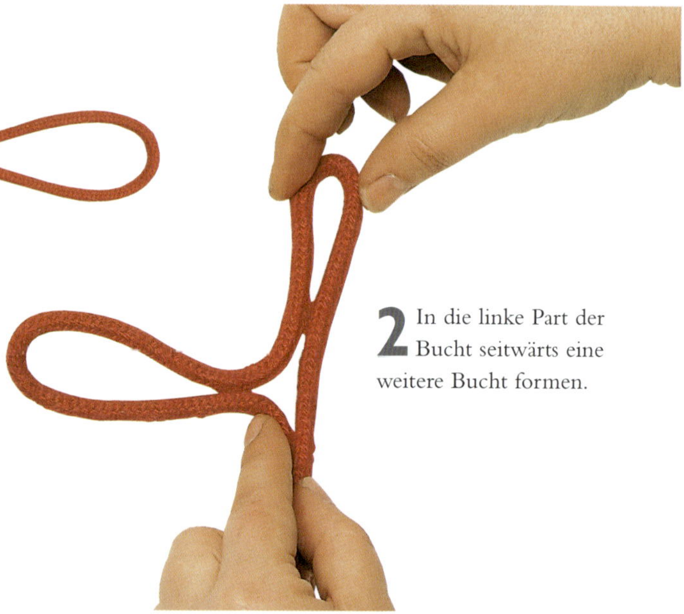

2 In die linke Part der Bucht seitwärts eine weitere Bucht formen.

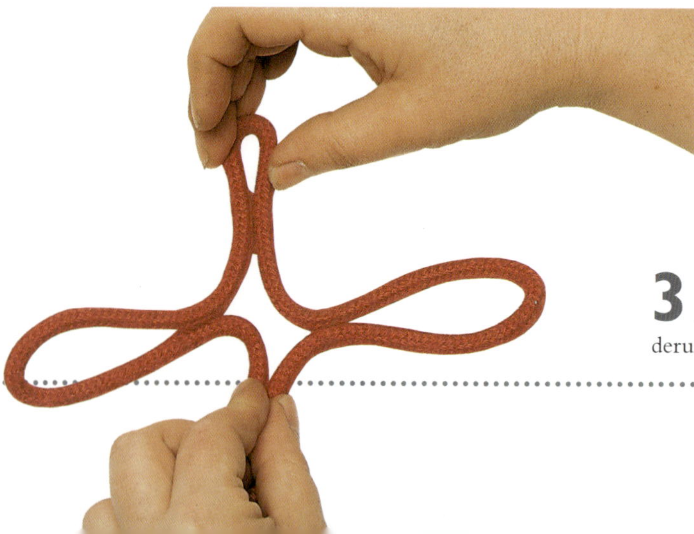

3 In die rechte Part der Bucht seitwärts wiederum eine Bucht legen.

4 Die beiden stehenden Parten über die linke Bucht legen.

5 Die linke Bucht über die stehenden Parten und die obere Bucht klappen.

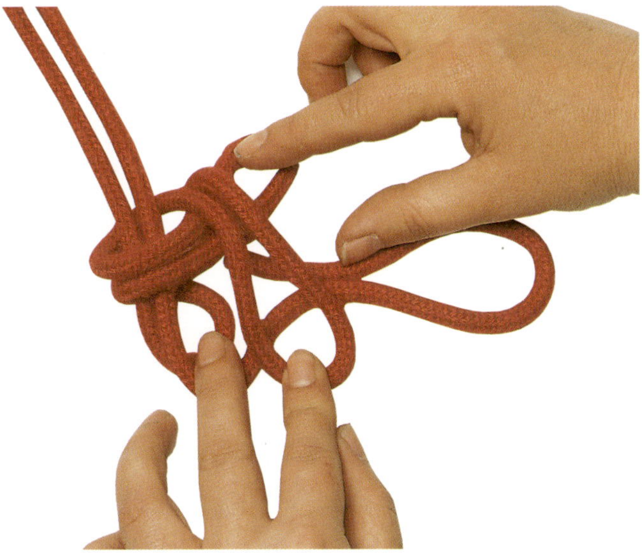

6 Die obere Bucht über die beiden rechten Buchten klappen.

7 Die untere rechte Bucht über die zuletzt bewegte Bucht legen und unter die stehenden Parten stecken.

8 Vorsichtig, ohne die Form zu verzerren, den Kronenknoten zusammenziehen.

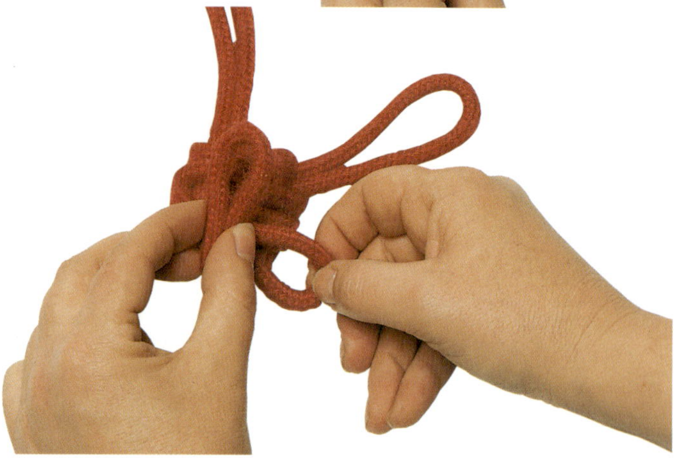

9 Die linke Bucht nach unten und die untere Bucht darüber klappen.

10 Die rechte Bucht über die zuletzt bewegte klappen.

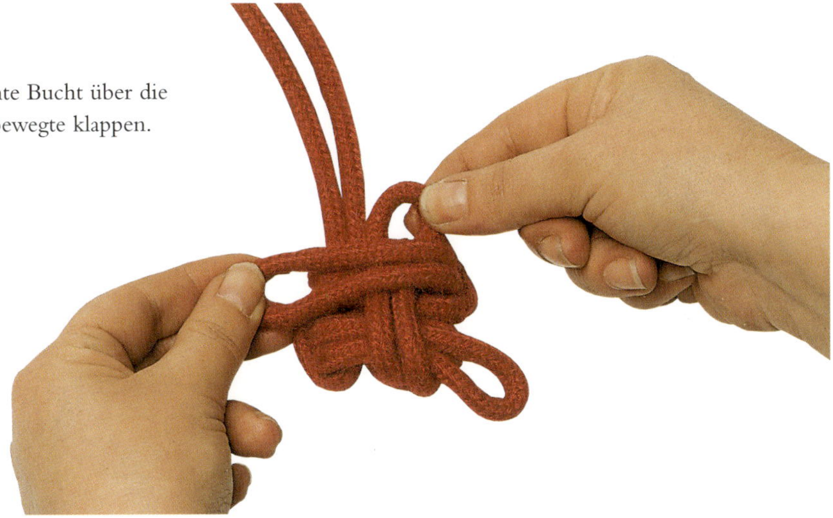

11 Die beiden festen Parten nach unten über die zuletzt bewegte Bucht führen und in die untere Bucht stecken.

12 Den zweiten Kronenknoten dichtziehen.

CHINESISCHER BÄNDSELKNOTEN

In gefärbte Seide- oder Baumwollbänder gebunden, verziert dieser attraktive Knoten chinesische Laternen. Obgleich seine quadratische Form schwierig aussieht, lässt sich der Knoten einfach fertigen. Ihn zu beschreiben nimmt weitaus mehr Zeit in Anspruch als den Knoten zu machen. Zum Üben können eine Styroporplatte unter die Leine gelegt und die Buchten mit Nadeln festgesteckt werden.

1 Die Länge einer Leine mitteln und eine enge Bucht legen.

2 Die Bucht in der gewünschten Länge belassen (mit Daumen oder Nadel fixieren) und mit beiden Enden der Leine einen Überhandknoten machen.

3 Einen identischen Überhandknoten für einen Altweiberknoten machen.

4 Etwa 7,5 cm darunter einen zweiten, identischen Altweiberknoten machen.

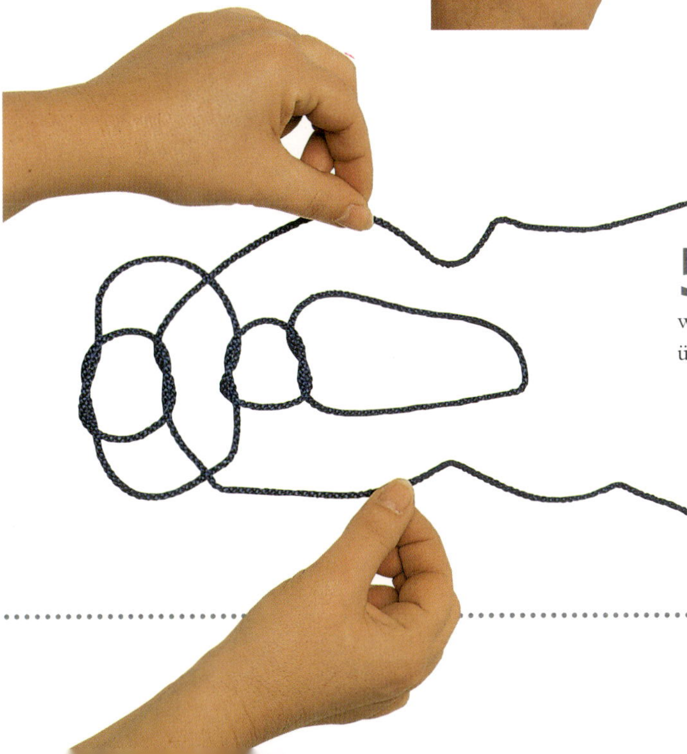

5 An den beiden stehenden Parten den unteren Altweiberknoten anheben und über den oberen legen.

6 Die erste Bucht anheben und den oberen Altweiberknoten nach unten klappen. (Die Anfangsbucht liegt nun über dem Knotensystem und zeigt nach unten.)

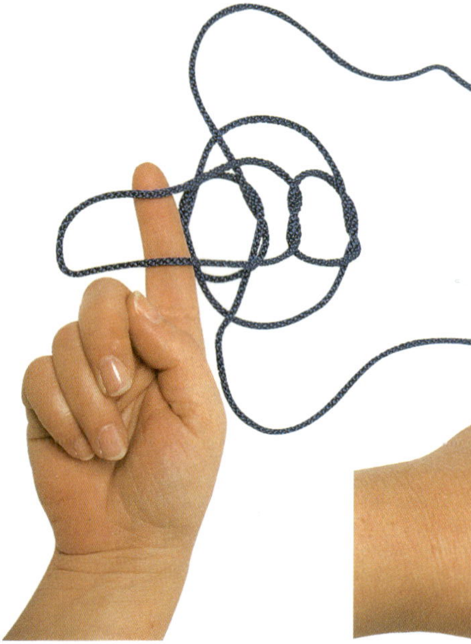

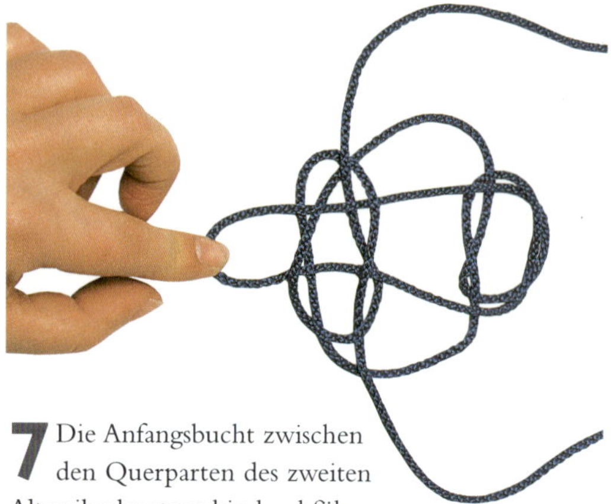

7 Die Anfangsbucht zwischen den Querparten des zweiten Altweiberknotens hindurchführen.

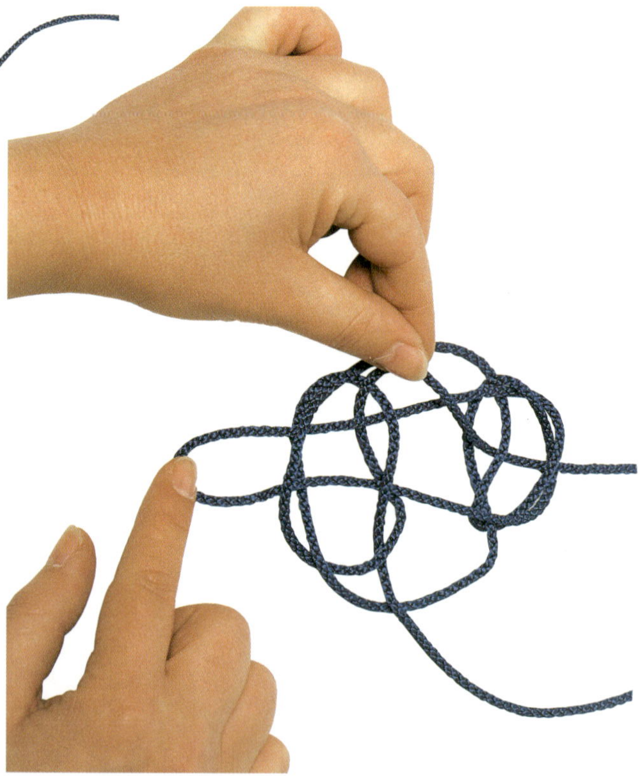

8 Das linke Arbeitsende zwischen den Querparten des oberen Altweiberknotens hindurchführen.

9 Behutsam den Knoten mit der Oberseite nach unten drehen und das nun links liegende Arbeitsende ganz herausziehen.

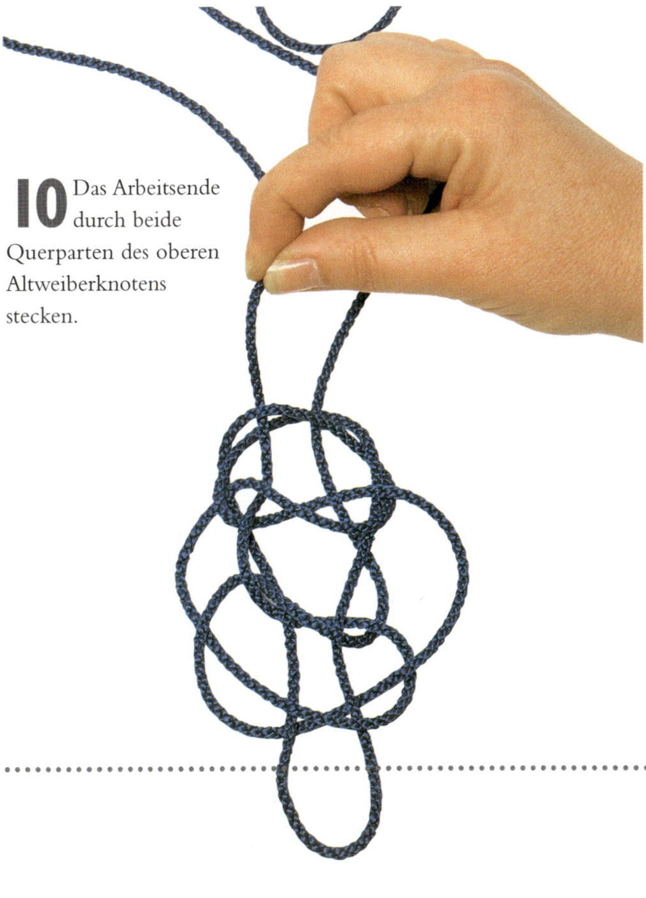

10 Das Arbeitsende durch beide Querparten des oberen Altweiberknotens stecken.

11 Hat die Anfangsbucht die gewünschte Größe, um über den zu haltenden Gegenstand zu gehen, den Knoten zu den Arbeitsenden hin langsam, behutsam und geduldig zusammenziehen.

CHINESISCHER KNOPF

Von einer Studentin des Faches Modedesign aus Hongkong, die in England ihre Kollektion East-meets-West zeigte, lernte ich, den Chinesischen Knopf zu machen. Diese Knoten brechen nicht, wie gewöhnliche Knöpfe es tun und sind aufgrund ihrer weichen Beschaffenheit für Pyjamas und Unterwäsche ideal, da sie am Körper keinen Abdruck hinterlassen. Eindrucksvoll und doch recht leicht zu fertigen, bleibt der Knoten flach, bis er dichtgeholt eine runde Form annimmt.

1 Eine Leine mitteln und ein Überhandauge legen. Das lose Ende liegt auf der stehenden Part.

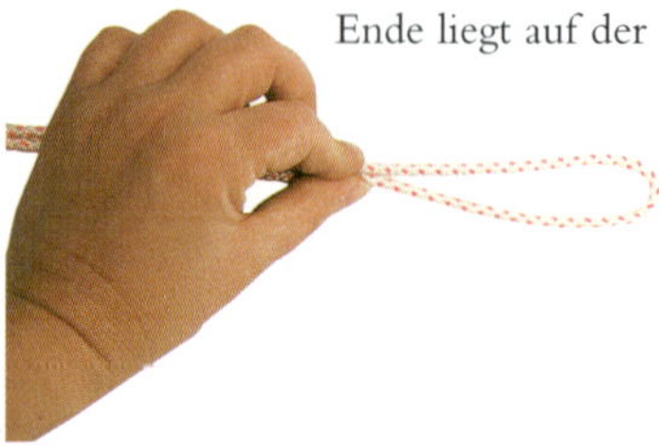

2 Das Arbeitsende unter das Auge legen. Es entsteht eine Brezel-Form.

3 Das andere Ende der Leine unter-über-unter-über durch die Form führen. Das Ganze gut festhalten, da es ansonsten auseinander fällt.

4 Das Arbeitsende auf der linken Seite durch den Knoten und das angrenzende Auge führen.

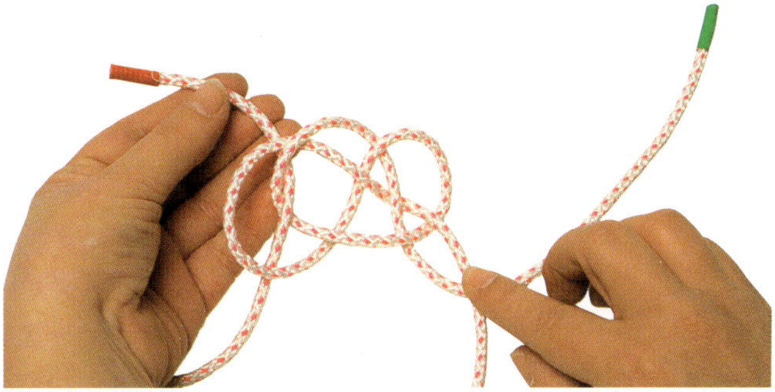

5 Die beiden stehenden Parten wie zwei Blumenstiele zusammenbringen. Den Knoten wie eine Blüte flach auf der Hand halten.

6 Langsam die Lose entfernen und den Knoten dichtholen, bis dieser in der Hand eine gewölbte Form annimmt.

7 Die Part in der Mitte muss dabei vorsichtig etwas hervorgeholt werden.

NOTMASTKNOTEN

Mithilfe dieses Knotens wurde früher auf einem Boot im Bedarfsfall der Notmast geriggt. Kanonenkugeln, so wird es behauptet, wurden in diesem Knoten getragen. In gefärbtem Seil, mit den Arbeitsenden an den Ecken, kann der Knoten auch als dekoratives Element auf Kissen geheftet werden.

1 Drei große, lockere Überhandaugen in die Leine legen, wobei die Augen teilweise übereinander liegen.

2 Die beiden äußeren Augen überlappen sich innerhalb des mittleren Auges, wobei das rechte über dem linken liegt.

3 Die linke Part des mittleren Auges über-unter nach links buchtförmig herausziehen.

4 Die rechte Part des mittleren Auges über-unter nach rechts buchtförmig herausziehen.

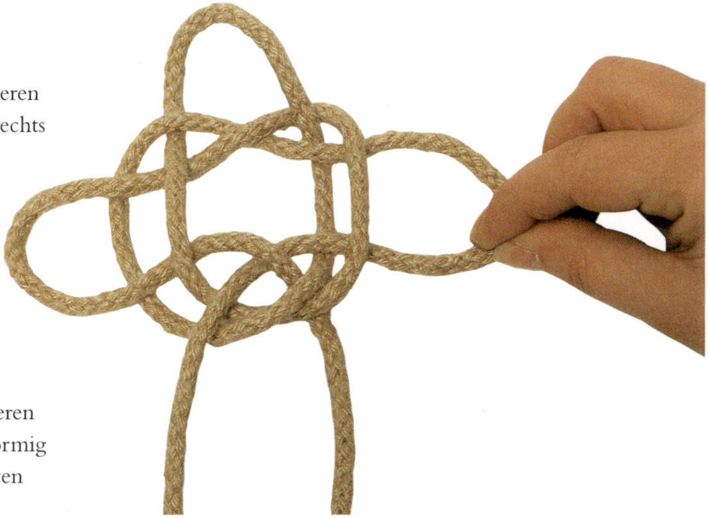

5 Die obere Part des mittleren Auges vorsichtig buchtförmig herausziehen. Die drei Buchten symmetrisch ausrichten.

RUNDE MATTE

Ein weiterer flacher Knoten, der als Schmuck oder Verzierung auf einer anderen Oberfläche aufgeklebt oder angeheftet werden kann. Auch als Topfuntersetzer gut geeignet.

1 Die Leine mitteln und entgegen dem Uhrzeigersinn ein Überhandauge legen.

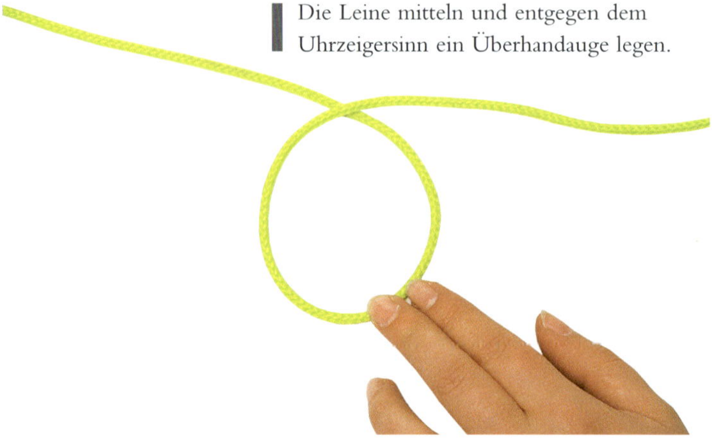

2 Das Arbeitsende unter das Auge legen. Es entsteht eine Brezel-Form.

3 Das rechte Ende der Leine nehmen und diagonal über-unter-über-unter nach links oben stecken.

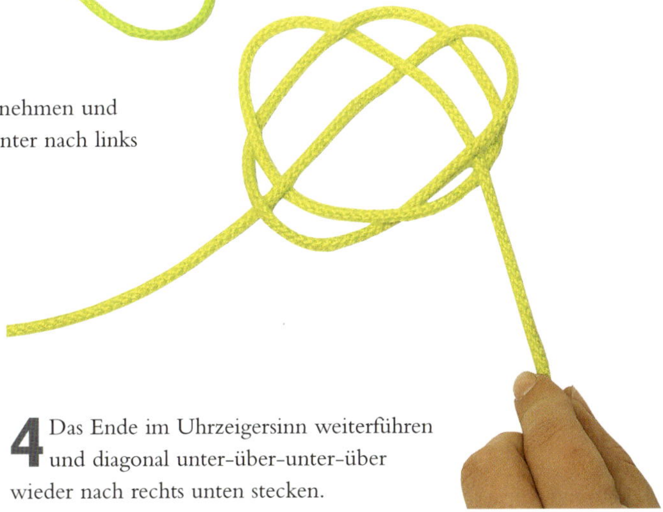

4 Das Ende im Uhrzeigersinn weiterführen und diagonal unter-über-unter-über wieder nach rechts unten stecken.

5 Das Ende dort hineinstecken, wo das andere herauskommt. Zum Verdoppeln oder Verdreifachen der Flechtung dem ersten Verlauf folgen. Die Enden auf der Unterseite entweder verkleben oder vernähen.

TROSSENSTEKMATTE

Wiederum eine flache Matte. Für dekorative Effekte eignet sich eine golddurchzogene Leine.

1 Ein Überhandauge in die Leine legen.

2 Das Arbeitsende über das Auge legen. Es entsteht eine Brezel-Form.

3 Das Arbeitsende von rechts nach links unter die stehende Part legen.

4 Im Uhrzeigersinn das Arbeitsende über-unter-über-unter durch die Flechtung führen.

5 Das Arbeitsende dort hinein stecken, wo die stehende Part herauskommt. Zum Verdoppeln oder Verdreifachen der Flechtung dem ersten Verlauf folgen.

OZEANMATTE

Für diese Matte ist eine recht lange Leine erforderlich. Einfacher ist es, während der Arbeit die Flechtung auf einer Styroporplatte mit Nadeln zu fixieren. Die gut aussehende Matte kann als Tischset, Fußmatte und als Wandschmuck verwendet werden.

1 Ein Überhandauge entgegen dem Uhrzeigersinn in eine Leine legen.

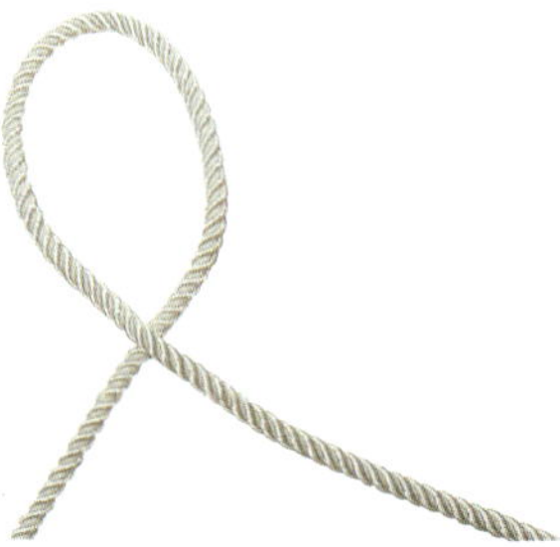

2 Das lange Arbeitsende links herum über die feste Part des Auges und um dasselbe legen.

3 Das Ende anheben und von links nach rechts über das Auge legen.

4 Das Arbeitsende quer von rechts nach links über die untere Bucht legen.

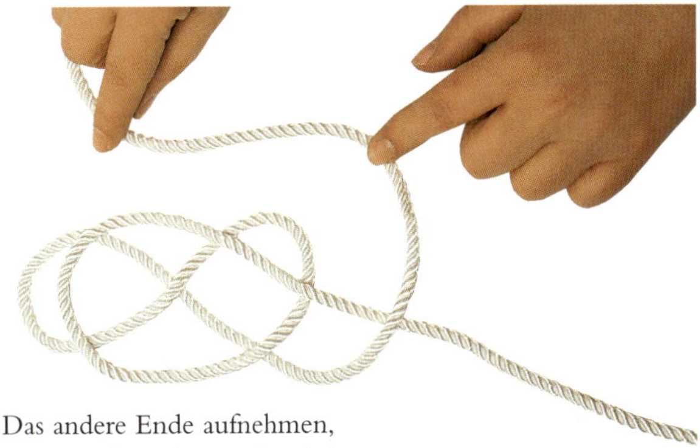

5 Das andere Ende aufnehmen, das jetzt das Arbeitsende wird, und es von links nach rechts über die neue stehende Part führen.

6 Das Ende quer nach rechts oben unter-über-unter und dann unter die daneben liegende Bucht stecken.

7 Das Arbeitsende von links nach rechts über-unter-über-unter und über die Flechtung führen.

8 Das Ende quer von links nach rechts unter-über-unter-über führen, sodass es rechts unten herauskommt.

9 Das Arbeitsende entlang und parallel zu der stehenden Part stecken. Mit der anderen Leine die Flechtung verdoppeln oder verdreifachen.

AUGEN-ZURRING

Lange Gegenstände, z.B. ein langes Paket oder eine Teppichrolle, können mit einer Reihe einfacher Augen zusammengebunden werden.

1 Ein kleines festes Auge in das Ende der Leine machen. Für eine Schlaufe das lange Ende durch das kleine Auge stecken und diese über das Ende des Gegenstands schieben.

2 Ein Unterhandauge in das lange Ende legen.

3 Das Auge über das Ende des Gegenstands schieben und den entstandenen Knoten zusammenziehen.

4 Weitere Knoten in gleicher Linie und in gleichem Abstand auf dem Gegenstand anlegen.

5 Ist das Ende des Gegenstands erreicht, auf der Rückseite einen Kreuzungsknoten machen.

6 An allen kreuzenden Parten solche Kreuzungsknoten machen. Die Leine immer gleich straff führen.

7 Zum Schluss um das Ende des Gegenstands wieder zum Anfangsauge zurückgehen und die Leine hindurchstecken.

8 Zur Sicherung einige halbe Schläge vor das Auge setzen.

KETTENSTICH-LASCHING

Diese Lasching braucht zwar mehr Leine als manche andere, aber sie ist in ihrer Zickzackform sehr dekorativ und kann zum Verschnüren für Geschenke oder zum Umwickeln von Servietten für Partys genutzt werden. Sie hält z. B. lange, klobige Pakete zusammen und wird durch Ziehen am losen Ende einfach gelöst.

1 Ein kleines festes Auge in das eine Ende der Leine knoten und die stehende Part buchtförmig durchschieben.

2 Das feste Ende von der Bucht weg und hinten um den Gegenstand herumführen.

3 Eine zweite Bucht in die stehende Part legen und durch die erste Bucht stecken.

4 Das lose Ende wieder hinten herumführen und buchtförmig durch die vorherige Bucht stecken.

5 Mit wechselnden Buchten bis zum Ende des Gegenstands fortfahren.

6 Das Arbeitsende einmal um das Objekt und dann unter sich selbst feststecken.

7 Das lose Ende zwei- oder dreimal unter sich selbst feststecken.

QUERHOLZ-LASCHING

Mit der Querholz-Lasching werden zwei Stangen im rechten Winkel zueinander befestigt. Im Garten dient sie für Lauben und Gitter oder für eine einfache, kurze Leiter zu einem Baumhaus.

1 Einen Webeleinstek im unteren Bereich der vertikalen Stange machen. Die vertikale Stange auf die horizontale legen.

2 Das Seil oberhalb und unterhalb der Kreuzungsstelle um den vertikalen Stab schlagen.

3 Das Seil gut festziehen. Der Webeleinstek gleitet dabei auf eine Seite der Stange.

4 Das Seil über den unteren Teil der vertikalen Stange und unter der horizontalen Stange durchführen und festziehen.

5 Schritt 4 dreimal wiederholen, dabei das Seil immer gut festziehen.

6 Das Arbeitsende unter der horizontalen hindurch und neben den unteren Teil der vertikalen Stange führen. Wiederum gut festziehen.

7 Das Arbeitsende über die horizontale Stange und hinter den oberen Teil der vertikalen Stange führen und festziehen.

8 Schritt 7 dreimal wiederholen.

9 Das Seil hinter dem unteren Teil der vertikalen Stange hindurchführen und einen halben Schlag machen. Gut festziehen.

10 Noch einen halben Schlag um den unteren Teil der vertikalen Stange führen und festziehen. Das Ende kurz abschneiden und unter die Windungen stecken.

WECHSELNDE RINGBOLZENKNOTUNG

Metallringe können mit diesem Knoten überzogen werden. Er verleiht ihnen ein dekoratives Aussehen.

1 Zwei identische halbe Schläge mit der Leine machen.

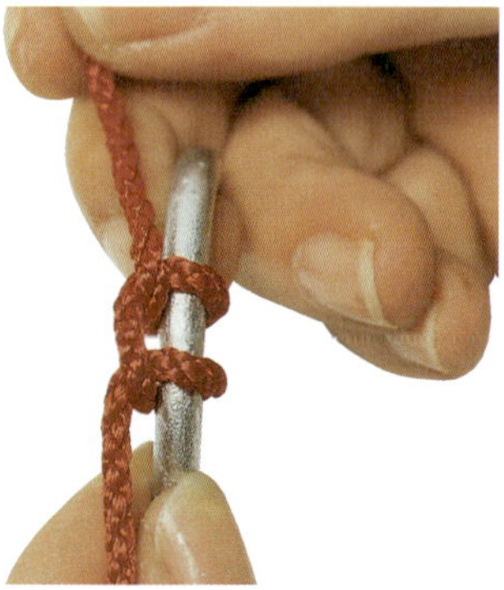

2 Einen dritten halben Schlag hinzufügen und dabei das Arbeitsende in dieselbe Richtung wie bei den vorhergehenden Schlägen ziehen.

3 Mit weiteren halben Schlägen fortfahren, dabei immer wieder die Knoten in die gleiche Richtung ausrichten.

4 Ist der Ring ganz bedeckt, kann das Arbeitsende mit der stehenden Part verflochten werden.

EINFACHE KETTENPLATTING

Diese einfache Kette kann eine Leine oder ein Seil um ein Drittel der Länge verkürzen.

1 Mit dem langen Arbeitsende entgegen dem Uhrzeigersinn ein Überhandauge legen.

2 Das Arbeitsende hinter das Auge legen und es von hinten nach vorn führen. Den Knoten festziehen.

3 Das Arbeitsende wiederum buchtförmig durch die soeben entstandene Bucht ziehen. Erneut festziehen.

4 Diesen Vorgang mehrmals wiederholen.

5 Um die Kette zu beenden, das Arbeitsende ganz durch die letzte Bucht ziehen.

EINFACHER ZOPFKNOTEN

Mit einem einzigen Strang ist es möglich, den klassischen Drei-Strang-Zopf nachzuahmen. Er kann eine Leine verkürzen oder verzieren oder auch als improvisierter Griff für einen Koffer dienen.

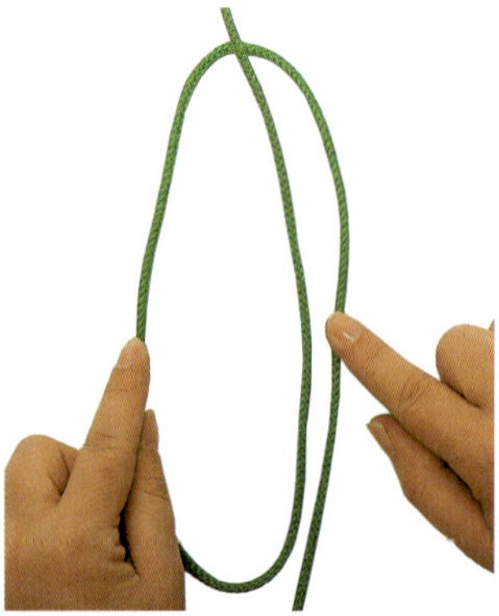

1 Ein Unterhandauge entgegen dem Uhrzeigersinn legen und die drei Parten parallel legen.

2 Die rechte Part über die mittlere legen. Sie ist nun die mittlere Part.

3 Die linke Part über die neue mittlere legen. Sie ist nun die mittlere Part.

4 Schritt 2 und 3 wiederholen. (Es werden immer nur die äußeren Parten bewegt.)

5 So weiterflechten, zuerst rechte und dann linke Part zur Mitte, und die Flechtung immer festziehen.

7 Den Zopf immer wieder festziehen, sodass zum Schluss nur ein einzelnes Auge bleibt.

8 Das Arbeitsende durch das Auge ziehen, um den Zopf zu sichern.

6 Durch Herausziehen des Arbeitsendes immer wieder das lose Spiegelbild, das beim Flechten entsteht, entwirren.

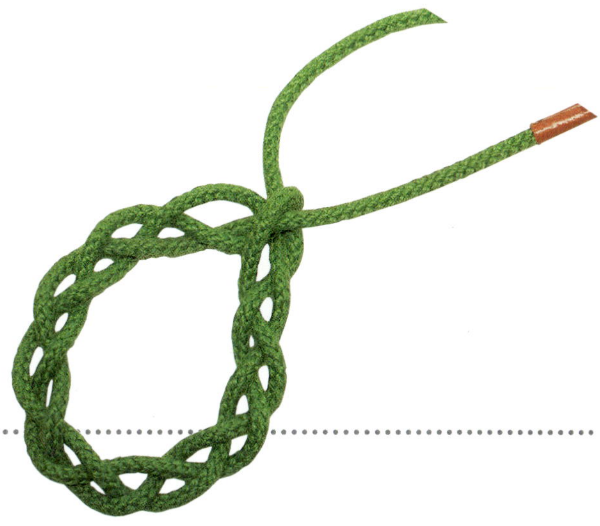

VIER-STRANG-ZOPFKNOTEN

Dies ist ein flacher Zopf. Mit steifem Material gefertigt, ergibt der Zopf ein dekoratives Gewebe, eine schmucke Zugschnur oder auch eine aparte Einsäumung.

1 Zwei Leinen mitteln und ineinander schlingen. Die vier Parten in zwei rechte und zwei linke teilen.

2 Bei den linken Parten die linke äußere Part über die linke innere Part legen.

3 Bei den rechten Parten die rechte äußere Part über die rechte innere Part legen.

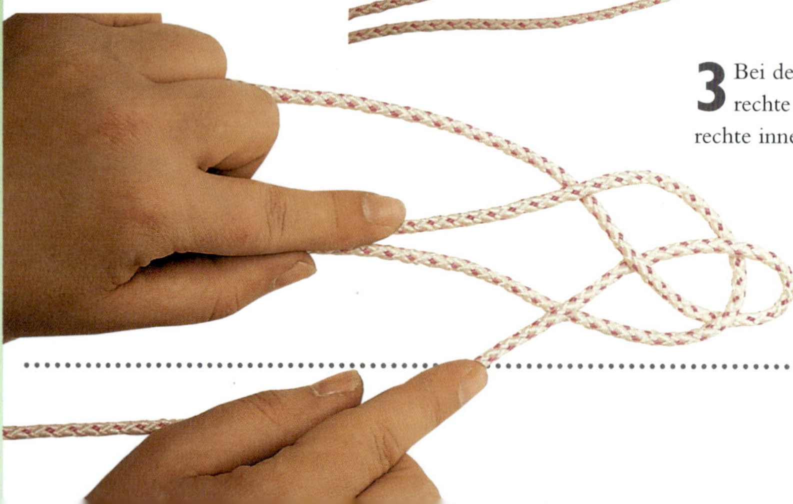

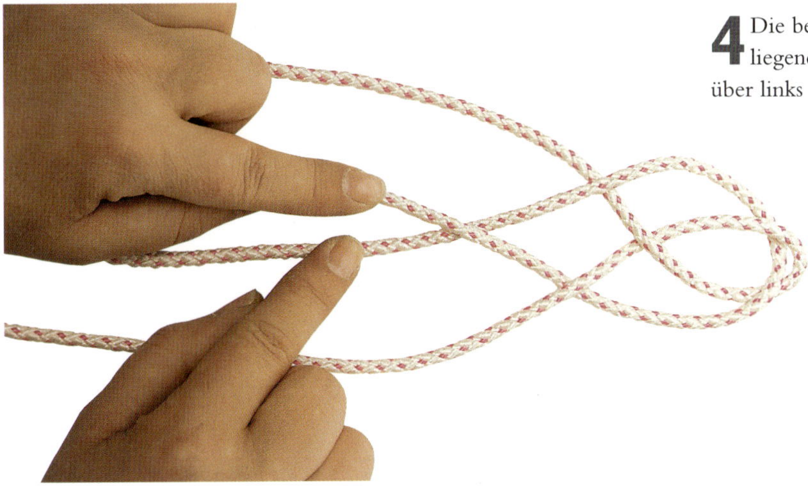

4 Die beiden innen liegenden Parten rechts über links kreuzen.

5 Die Schritte 2, 3 und 4 wiederholen dabei den Zopf immer leicht festziehen, damit das symmetrische Muster entstehen kann. Die Flechtung fortführen, bis der Zopf die gewünschte Länge erreicht hat. Dann die Enden verknoten.

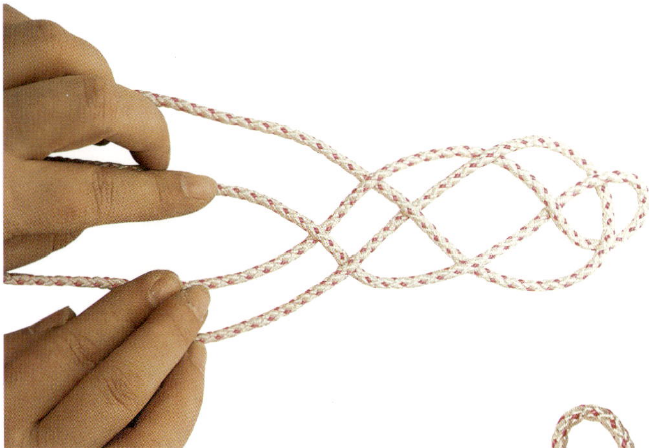

VIER-STRANG-RUNDPLATTING

Die Stärke einer dünnen Leine kann mit dieser Flechtung vervierfacht werden. Das Flechtmuster ist hübsch genug, um eine Leine für einen kleinen Hund zu fertigen.

1 Vier Stränge zusammenbinden und in ein rechtes und ein linkes Paar trennen.

2 Den äußeren Strang des rechten Paars von hinten nach vorn zwischen die beiden linken Stränge und dann zurück neben seinen rechten Partner legen.

3 Den äußeren Strang des rechten Paares von hinten nach vorn zwischen die beiden linken Stränge und dann zurück über und neben seinen rechten Partner legen.

4 Die Schritte 2 und 3 wiederholen und die Flechtung dabei gut festziehen.

5 Die Flechtung mit den wechselnden äußeren Strängen fortsetzen, bis die gewünschte Länge erreicht ist. Dann die Enden zusammenbinden.

ACHT-STRANG-VIERKANTPLATTING

Diese attraktive Fischgrät-Flechtung ist einfacher zu machen, als es auf den ersten Blick aussieht. Verschiedenfarbige Stränge ergeben ein apartes Muster.

1 Acht Stränge zusammenbinden und in eine rechte und linke Vierergruppe einteilen.

2 Den äußersten linken Strang hinten so um die Stränge führen, dass er in der Mitte der vier rechten Stränge wieder herauskommt und dann wieder zurück, sodass er innen und unterhalb seiner drei Partner liegt.

3 Gegengleich den äußersten rechten Strang hinten so um die Stränge herumführen, dass er in der Mitte der linken Stränge herauskommt und wieder zurück, sodass er innen und unter seinen drei Partnern auf der rechten Seite liegt.

4 Schritt 2 wiederholen.

5 Schritt 3 wiederholen.

6 Die Flechtung mit den wechselnden Strängen fortsetzen, wobei immer der äußerste Strang genommen wird. Die Flechtung nach jedem Schritt festziehen. Ist die gewünschte Länge erreicht, die Enden zusammenbinden.

GLOSSAR

Aramid
Synthetisch hergestellte Faser. Diese Fasern schmelzen beim Erhitzen nicht und sind au fgrund des hohen Preises nur für spezielle Knoten gedacht.

Arbeitsende
Loses Ende eines Tauwerks, mit dem meist der Knoten geschlagen wird.

Aufschießen
Eine Leine in geordneten Buchten zusammenlegen.

Auge
Eine durch Überkreuzen der Enden geschlossene Bucht.

Bändsel
Kurzes Stück dünneres Tauwerk, meist nicht dauerhaft zum Befestigen genutzt.

Bekleeden
Schützendes Umwickeln von Tauwerk.

Bekneifen
Festklemmen eines Tampens mit einem anderen.

Blutknoten
Eine Familie starker Knoten, die aus mehreren Wicklungen besteht.

Bruchfestigkeit
Von Seilherstellern angegebene Kraft (in Kilogramm oder Tonnen), die eine Leine aushalten kann, bevor sie bricht. Der Wert wird durch Abnutzung, ruckartige Belastung oder Knoten verringert.

Bucht
Ein zwischen zwei Enden durchhängendes Tauwerk, dessen Parten sich nicht überkreuzen.

Bunsch
Die zusammengefassten Buchten einer aufgeschossenen Leine.

Ellbogen
Stelle in einem Knoten, an der sich die Leinen mehrmals kreuzen.

Faser
Das kleinste Element in allen Tauwerksarten.

Festigkeit
Die mögliche Belastung einer Leine unter Einfluss eines Knotens.

Garn
Sehr dünnes, aus Natur- oder synthetischen Fasern gesponnenes Tauwerk.

Geflochtenes Tauwerk
Tauwerk, bei dem die Garne verflochten und nicht geschlagen sind (z.B. ein äußerer Mantel um eine Seele herumgeflochten).

Geschlagenes Tauwerk
Tauwerk, das durch Verdrehen von Fasern, Garnen und Kardeelen in immer gegenläufigem Drehsinn hergestellt ist.

Hilfsleine
Leine, mit der ein schweres Seil, beispielsweise durch Wasser, an ihren Bestimmungsort herangezogen wird.

Kabel
Dreikardeelig geschlagene Leine.

Karabiner
Ein Metallring, mit einem Schnapphaken, dessen bewegliches Teil fest schließt. Beim Bergsteigen eingesetzt.

Kardeel
In entgegengesetzter Richtung verdrillte Fasern als größtes Einzelelement eines Taus.

Kernmantel-Tauwerk
Tauwerk aus Seelen (oft aus parallelen Faserbündeln) und dicht geflochtener Hülle.

Knoten
1. In sich selbst feste Knoten, die keinen Befestigungspunkt brauchen.
2. Allgemeine Bezeichnung für Verschlingungen in Tauwerk, Bändern und Garnen.

Kordel
Eng gedrehte Kabelgarne, um eine Schnur von weniger als 10 mm Durchmesser zu fertigen.

Lasching
Knoten oder Knotenverbindungen zum An- oder Zusammenbinden von Gegenständen.

Laufknoten
Laufendes oder regulierbares Auge.

Leine
Die allgemeine Bezeichnung für Tauwerk mit einer spezifischen Funktion wie Wäsche-, Ankerleine.

Marlspieker
Dornartiges Metallinstrument für die Arbeit mit Tauwerk und zum Öffnen von Tausträngen.

Mitteln
Eine Leine durch das Legen einer Bucht in zwei gleich lange Parten teilen.

Naturfaser-Tauwerk
Tauwerk, das aus Pflanzenfasern hergestellt wird.

Platting
Geflecht aus mehreren ineinander verwobenen Bändseln oder Leinen, flach oder dreidimensional.

Poller
Ein fest verankerter Pfahl aus Holz, Stein oder Stahl zum Festmachen.

Prusik-Knoten
Ein Knoten für Bergsteiger. An einer Leine mit einem Seil festgemachter Knoten, blockiert unter abwärts gerichtetem und lockert sich bei seitwärts gerichtetem Zug.

Rundtörn
Kreisförmiges Umschlingen eines Gegenstands, sodass das Arbeitsende neben der eigenen stehenden Part liegt.

Schlag
Drehrichtung, in der die Kardeele in geschlagenem Tauwerk verlaufen: im Uhrzeigersinn (rechtsgeschlagen/Z-Schlag), entgegen dem Uhrzeigersinn, (linksgeschlagen/S-Schlag).

Schlinge
Durch einen Knoten geschlossener Ring aus Leine oder Gurtmaterial.

Schnur
Dünnes, billiges Tauwerk.

Seele
Der innere Kern eines geschlagenen oder geflochtenen Tauwerks.

Spleißen
Verflechten von Kardeelen, um zwei Leinen zu verbinden.

S-Schlag
Linksherum, entgegen dem Uhrzeigersinn geschlagen.

Stehende Part
Abschnitt einer Leine zwischen dem festen Ende und dem Knoten.

Stopper
Kurzes Seilstück, das das Rutschen einer Schnur abfangen soll.

Stropp
Ein geschlossener Ring aus Gurtmaterial oder Leinen.

Takling
Wicklung am Ende eines Taus, um dessen Auffasern zu verhindern.

Talje
Kombination von Leinen und Blöcken, die beim Ziehen und Heben eine Kraft sparen.

Tampen
Ein kurzes Stück Leine oder das Ende einer Leine.

Tau
Tauwerk von mehr als 10 mm Durchmesser.

Törn
Windung einer Leine um einen Gegenstand, z. B. eine Stange oder eine Leine.

Trosse
1. Dickes, aus drei rechtsgeschlagenen Leinen linksgeschlagenes, neunkardeeliges Tauwerk.
2. Alle Arten starken Tauwerks.

Unterhandauge
Auge, bei dem das Arbeitsende unter der festen Part liegt.

Verschluss eines Knotens
Das letzte Durchstecken eines Arbeitsendes, um den Knoten zu sichern.

Zopf
Stränge von Tauwerk, die in einem regelmäßigen Muster geflochten werden.

Z-Schlag
Rechtsherum, im Uhrzeigersinn geschlagen.

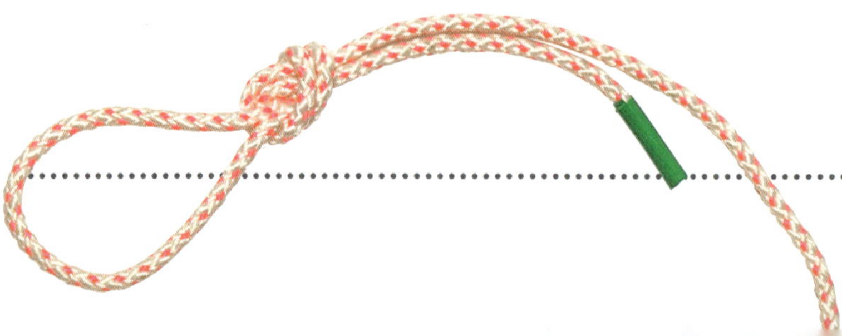

REGISTER